百年食谱

読売新聞家庭面の100年レシピ

日本《读卖新闻》生活部　　　周莉　　　英珂
编　　　　　　译　　　　审译

新星出版社　NEW STAR PRESS

前言

2014年，《读卖新闻》的《生活·家庭》版（以下简称"家庭版"）迎来了创刊一百周年。1914年（大正3年），作为刊载在日刊报纸上的第一个真正意义上的家庭版面，《读卖妇女副刊》正式创设。之后虽然曾因战争原因一度中断，但直到今天，副刊版仍在持续刊载与生活密切相关的信息。

在副刊版刊载的信息中，"食"是最重要的主题。在这一百年间，这些美食报道可谓是美食信息的宝库。"通过回顾以往的报道，遴选出能传承给下一个世代的菜肴，这样是不是可以连接起一个世纪的饮食文化史呢？"在这个思路的启发下，《百年食谱》诞生了。

从2014年4月开始，在为期一年的《读卖新闻》连载中，我们试做了从众多的菜谱中遴选出来的100道菜肴。它们都是令人怀念的、想要动手做做看的味道，也是想要传承下去的味道。值此将连载内容结集出版之际，我们对文字表达又进行了调整，力求使食谱更加通俗易懂。我觉得，该书无论是作为食谱集还是作为普通读物都值得一读。

在这一百年的时间里，日本人的餐桌发生了巨大的变化。报纸如实地记录了日本人每天到底在吃什么。

1914年4月3日家庭版创设当天，就有一篇关于"咖啡冻"制作方法的报道。"使用上等的琼脂，加入一勺白兰地味道更佳。"这充分体现了大正时期的时尚氛围。常设美食专栏《每日家常菜》创办于1915年。"蛋包饭""西式炖菜"和"可乐饼"等与传统日式的"凉拌青菜""酱烤豆腐串""水煮菜"同时出现。可以看出人们对于西餐的热衷由来已久。再后来，虽然栏目名称有所变化，但直到现在仍在持续连载。在这一百年间，除了日本的菜肴之外，还介绍过中国菜、韩国菜、意大利菜以及其他特色菜肴，种类也渐渐更加多样化了。

之前报纸上刊载过的食谱，仅常设栏目就多达两万多条。除此以外还刊登过众多的介绍美食的文章。因此，要从中挑选出 100 个食谱，不借助美食专家的力量恐怕难以完成。于是我们邀请了精通饮食文化史的东京家政学院大学名誉教授江原绚子女士、日本料理店"分德山"的总厨师长野崎洋光先生、烹饪书籍编辑兼饮食文化研究家畑中三应子女士作为我们的评审委员，前后召开了四次评审会。

在所选菜肴的烹饪和拍摄方面，得到了 Betterhome 协会、东京燃气、赤堀烹饪学园、江上烹饪学院的大力协助。

纵观这一百年来的食谱，我们可以真切地感受到百年间日本人餐桌的变化和家常菜的日益丰盛。而交流和沟通是让饭菜变得更加丰盛的秘方。"你是怎么做的？""真好吃。"这些在厨房或者在餐桌上反复出现的对话留存在人们的记忆中，逐渐演变为回忆。之后，会有人尝试制作同样的菜肴。而有了邻居或朋友等众多人的广泛参与，日本的家常菜必将继续发展、丰富。

最后，对协助我们进行采访工作的相关人士致以深深的谢意。

《读卖新闻》东京总社生活部长 宫智泉

目录

目录

目录

目录

目录

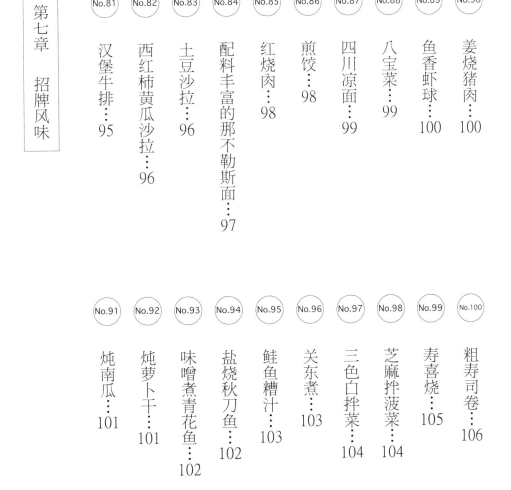

目录

食谱标注的标准

★ 基本按照《读卖新闻》最初刊载时的材料和用量记载。针对原本使用匁、勺、合等日本特有量词单位标注的情况，按照匁 =3.75g、勺 =18cc、合 =180cc 换算为 g 和 cc，个位四舍五入。针对原食谱中没有标注用量以及几人食用的情况，试做时推测出用量以及几人食用后加以标注。此外，针对蔬菜等用量用 g 标注的情况，根据 "Betterhome 食品成分表"把 g 换算为个数，在（ ）内予以标注。

★ 材料表中的 "调味汁"是指用鲣鱼干或海带等熬制的，或者用市面上卖的调味料按说明用水溶解而成的调味汁。而 "高汤"或 "中式高汤"指鸡骨汤或市面上卖的清汤，也可由中式高汤精等按说明用水溶解而成。使用市面上卖的调味精或高汤精时，需注意酌情减少其他盐分的用量。

★ 大勺代表 15cc、小勺代表 5cc、1 杯代表 200cc。

第一章

改变餐桌的味道

在过去的一百年间，日本人的生活方式发生了巨大变化，放置在榻榻米上的矮饭桌逐渐被餐桌取代，食材和烹饪方式的变化促进了饮食的多样化发展。对外国料理精粹的吸收，也为日本的餐桌带来了巨大的变化。本章介绍的就是这些具有划时代意义的食谱。

不断进化的炸猪排

从早期的炸猪排（pork cutlet）发展到今天的炸猪排，这是一个不断适应日本人口味而发展变化并深深根植于日本的西餐食谱。

西餐之王

炸猪排的历史最早可以追溯到明治后期。当时它的名称叫"pork cutlet"，到昭和初期（1925 年为昭和元年）才进化为现在的炸猪排。

在国士馆大学从事日本生活文化史研究的原田信男教授指出，"日本人在接受西餐的时候，就像会使用牛肉制作牛肉火锅那样，喜欢用日式烹饪法进行改良。比如，炸猪排的时候把肉放入热油中炸，可以说就是从炸天妇罗的方法中借鉴来的"。日本还有很多其他类似炸猪排这种日西合璧的菜肴，这些被统称为"西餐"。

作为《百年食谱》的第一道菜品，我们为读者推荐的是 1915 年（大正 4 年）的早期炸猪排，这是最早被刊载在《读卖新闻》家庭版的炸猪排食谱。评审委员会认为，"作为炸猪排的原型，很有意思""不需要刀切的说明很有趣，很有日式风格"。

◇

《始于明治时期的西餐》（冈山哲，讲谈社出版）对炸猪排大加夸赞，认为它是"创新智慧的结晶、符合其作为西餐王者的风范"。

所谓创新智慧究竟是指什么？

坐落在东京银座的餐厅"炼瓦亭"曾在明治后期推出了一款使用少量食用油煎炒嫩牛肉的菜肴"cotelette"，但由于味道不佳，食客评价较差。后来，经深思熟虑后，餐厅大厨从天妇罗的制作方法中得到启发，创造了把猪肉下油煎炸的早期炸猪排做法，那是 1899 年的事了。原本味道浓郁的酱汁调整为味道清淡的辣酱油，佐菜的主食也由面包变成了米饭。

昭和初期之前，早期炸猪排逐步发展成用厚切片猪肉炸成的口感更佳的现代炸猪排。昭和学院短期大学校长畑江敬子（烹饪学）女士说："和牛肉不同，使用猪肉里脊等进行煎炸时，即使是厚片吃

起来也软软的。"炸猪排出锅后，提前用刀切成小块儿，用筷子夹起食用的做法逐步普及，并成为百姓餐桌上的常见菜。

炸猪排的食用方法也是多种多样的。有"炸猪排盖饭"，还有蘸萝卜泥酱汁食用的"萝卜泥炸猪排"，把切得薄薄的五花肉叠层后炸出的"千层夹心炸猪排"，最近还出现了一种无须煎炸的炸猪排。

◇

"我丈夫爱吃煎炸食品，但就连他也完全没有意识到那是非油炸猪排。"曾入选日本国家队的日本足球 J 联赛大阪钢巴队选手宇佐美贵史的夫人、艺人宇佐美兰曾经这样说。

非油炸猪排的制作方法非常简单：把面粉、搅拌均匀的鸡蛋液、炒过的面包糠撒在猪肉上，使用烤箱烤制 20 分钟即可。宇佐美兰说："考虑到丈夫的饮食控制问题，特意采用了这种烹饪方式，以降低卡路里的摄入量。"香酥的面包衣搭配多汁的猪肉，乍看和普通炸猪排没有什么不同。《读卖新闻》家庭版在 2013 年也曾介绍过同样的食谱。

这种非油炸猪排可以说是拥有百年以上历史的炸猪排的最新版。"无论如何都想要吃到美味的炸猪排"，正是因为日本人的这种热情，至今，炸猪排仍在不断改良。

原田教授指出，日本人的肉类摄取量已经超过鱼类，年轻人更是偏爱肉食。为满足日本国民的需求，在炸猪排的吃法方面，可以有更多新的尝试。

1915 年（大正 4 年）刊载早期炸猪排（pork cutlet）的版面。

No.1

[一九一五年（大正四年）四月三十日刊载]

炸猪排（早期炸猪排）

材　料（4人份）

猪肉…280g

荷兰豆…适量

盐、胡椒…各少许

黄油…少许

蛋黄…1个（加水）

小麦粉…适量

面包糠…适量

牛油（可用沙拉油替代）…适量

做　法

1 猪肉切成适合入口大小，加入盐、胡椒后，裹上一层薄薄的小麦粉，蘸取加水溶解的蛋黄液，随后裹满面包糠。

2 下锅用牛油煎炸。

3 用于摆盘的荷兰豆焯水后撒少许盐、胡椒，加黄油迅速翻炒出锅装盘。由于猪肉块较小，无须搭配餐刀。

＊原食谱中没有标注猪肉用量。试做时以战前标准分量约70g作为1人份，切成易入口大小后使用沙拉油煎炸而成。面包衣蓬松香脆。摆盘用荷兰豆比用大家熟悉的卷心菜稍显油腻。搭配卷心菜丝的食谱首次出现是在1922年。

在学校配餐中大受欢迎的沙拉

日本原本并没有生吃蔬菜的习惯。战后，通心粉沙拉成为备受好评的经典菜肴。

沙拉给人的印象是健康时尚

《来自沙拉国度的女孩》（女歌手 IRUKA）、《我的沙拉女郎》（GODIEGO）等，这些直白的以沙拉为名的歌曲在 20 世纪 70 年代曾风靡一时。化妆品公司也曾举办"沙拉小姐"选秀活动。

那时，人们开始普遍食用生蔬菜沙拉，"沙拉 = 健康"的印象深入人心。说起当时创作沙拉主题歌曲的原因，IRUKA 说："沙拉给人一种非常纯净的印象。当时工业污染非常严重，我希望能通过这首歌让听众联想到美丽清洁地球的未来。"

如今，沙拉已经成为餐桌上必不可少的存在。IRUKA 说，她每天都要吃一大碗沙拉，"正因为这样，我才拥有了健康的身体，能够更清晰地感受四季变化"。

沙拉是与沙拉酱同时登上日本人餐桌的。1925 年（大正 14 年），丘比公司推出的沙拉酱在日本上市。据说，丘比公司的创始人中岛董一郎第一次在美国吃到土豆沙拉的时候备受触动。在没有生食蔬菜习惯的日本，在煮熟的土豆中加入沙拉酱做成的土豆沙拉逐渐为大家所熟知。《读卖新闻》家庭版也在 1928 年介绍过土豆沙拉的制作方法。

二战结束后，第二种基本款沙拉诞生了，那就是通心粉沙拉。契机源于 1955 年（昭和 30 年）国内厂家陆续开始大量生产通心粉。日本制粉旗下的"OHMY"品牌常务董事小馆谷男认为，通心粉沙拉的食谱可能是受意大利类似菜品启发而形成的。1963 年，通心粉沙拉被引入学校的配餐，在当时有代表性的菜单中都能看到通心粉沙拉的名字。同时，它还作为零售的副食品，逐步渗透到百姓家中。

对刊载于 1962 年的通心粉沙拉食谱，《百年食谱》评审委员会给出了较高评价，"切碎的鸡蛋黄如同金合欢花一样点缀在菜品上，看起来很时尚"。

二战结束后，食用蔬菜沙拉的人逐渐增多。联合国军队特地为驻日部队种植了卫生标准更高的"清洁蔬菜"，生菜等西洋蔬菜也逐步被推广到了日本各地。1958 年，国产调味汁上市，冰箱也开始进一步普及。国立民族学博物馆前馆长石毛直道说："在吃完肉等油腻食物后，吃点沙拉更爽口。沙拉在西方的概念中其实就相当于日本的腌菜。所以，沙拉在日本普及后，基本取代了腌菜的地位。同时，通过在沙拉中加入海藻、在调味汁中加入酱油等方法，沙拉变得更适合搭配米饭食用。可以说沙拉作为一道菜的概念已经深入人心了。"

◇

"沙拉不仅能做副菜，也能作为主菜点缀餐桌。"

丘比公司每年为大众提供多达 200 种沙拉食谱。水菜和苦瓜等可以用于沙拉的蔬菜品种也增加到了 150 种，还可以在沙拉内加入肉类和海鲜。KENKO 美乃滋公司出版的食谱《百货商店食品卖场沙拉》大受读者好评。《读卖新闻》家庭版近年来也介绍了很多美味的沙拉食谱。

代表了健康、时尚和快乐的沙拉正以席卷之势影响着人们的餐桌。

歌手 IRUKA 曾推出以沙拉命名的歌曲《来自沙拉国度的女孩》，她说："沙拉给人一种纯净的印象。"

【一九六二年（昭和三十七年）六月四日刊载】

通心粉沙拉

材 料（5人份）

通心粉…80g

火腿…50g（2—3 片）

黄瓜…1 根

A 醋…1 大勺

　　盐、味精…各少许

鸡蛋…1 个

沙拉酱…半杯

荷兰芹…1 棵

做 法

1 把通心粉放入加有食盐的开水中煮大约 15 分钟（包装袋上标有所需时间），过水并控干水分。火腿片切条，黄瓜切成圆形薄片备用。把备好的通心粉、火腿和黄瓜放入容器中，使用 A 所示调料进行调味。

2 鸡蛋煮熟后，取蛋黄放在筛网上，用勺子按压，使蛋黄通过筛网，成为蛋黄细末。蛋白切成小块。将 **1** 中已经调好的食材和蛋白用沙拉酱进行搅拌，装盘后，在表面撒上碎蛋黄和切成碎末的荷兰芹。

＊用醋为煮过的通心粉调味后，加入足量沙拉酱，味道浓厚，既有食醋带来的酸味，又有清爽的余味，是一种令人怀念的味道。

正宗中餐的入门菜

从大正时期开始，中餐就受到日本人的关注。为迎合日本人的口味而改良的微辣温和的口感备受好评。

革命性的中餐菜品

夹一点菜放入口中，一会儿工夫，额头上就会因又麻又辣的口感渗出汗来。这道菜就是中餐名店"四川饭店"（总店位于东京都千代田区）的"麻婆豆腐"。发酵三年以上的黑色豆瓣酱和红色辣椒油形成鲜明的颜色反差。陈建太郎是饭店的第三代经营者，他说："我们店的麻婆豆腐接近于原产地中国四川的口味。这么多年过去了，顾客也逐渐适应了这道菜的辣味。"

◇

麻婆豆腐是中餐的代表性菜肴。《百年食谱》选取的是1958年（昭和33年）首次在《读卖新闻》家庭版刊载的食谱，出自料理研究家田村鱼菜。

当时还很难买到的豆瓣酱、花椒等都没有出现在食谱中。报纸介绍时用的也是"口感良好的豆腐料理"这样的表述。

◇

麻婆豆腐是由建太郎的祖父陈建民（1990年去世）在日本普及开来的。

大正时期，中餐因烹饪方便、营养丰富而备受关注。然而，1952年，陈建民初到日本时，因麻婆豆腐不符合日本人的口味，特意调低了麻辣程度。

陈建民在他的著作《漂泊的麻婆豆腐》（平凡社出版）中回忆道："如果和四川采取同样的调味方法，恐怕顾客就该辣晕了。那样的话我也不可能像现在这么受日本人欢迎了。"

此后，陈建民还应邀作为NHK美食节目《今日料理》（きょうの料理）的嘉宾出演电视节目，成为街谈巷议的知名人物。他在书中回忆："我在节目中做过好几次麻婆豆腐，我本人当然也想做其他的菜，无奈看电视的太太们不断寄明信片过来，说请我再教一遍。"

中国料理研究家木村春子分析认为："以前说起豆腐料理，大概就是豆腐锅、凉拌豆腐和酱汤这几种。颜色白白的，口味清淡。与之相比，刺激性口味的麻婆豆腐出现后，日本人震惊了。豆腐和肉末以及辣味的组合真的很不错，吃过以后还想吃。可以说那是一种革命性的豆腐料理。"

◇

食品厂家也闻风而动。

1971年，丸美屋率先推出了使用调味料和香辣佐料配比而成的"麻辣豆腐调料"，希望通过该产品的商品化，解决人们在家中调制香辣佐料的难题。味之素公司也在1978年推出新产品"Cook Do 麻婆豆腐用"。豆瓣酱和甜面酱等中餐调料单品也出现在超市的商品货架上。到20世纪80年代时，豆瓣酱出现在《读卖新闻》家庭版的麻婆豆腐食谱中。从此之后，豆瓣酱就成了麻婆豆腐的固定调料。

◇

2013年前后，食品厂家开始陆续推出更接近正宗口味、更辛辣的商品。日本人开始追求"更正宗的中餐"。麻婆豆腐可以说是这种风潮的领航员。

陈建太郎说："可以调节辣度的麻婆豆腐特别适合家庭制作。"

麻婆豆腐

【一九五八年（昭和三十三年）八月十七日刊载】

材 料（3人份）

豆腐…2块

猪肉馅…120g

大葱…1/3根

大蒜…少许

生姜…1片

红辣椒…2个

香油…2大勺

味噌…1小勺

中式高汤…半杯

酱油…2大勺半

白糖…1小勺

味精…少许

淀粉…1小勺

做 法

1 大葱、大蒜、生姜切成碎末，红辣椒去籽后切成窄窄的圆环备用。

2 豆腐切成1cm大小的方块后用开水焯一下。豆腐要在即将下锅前焯水，不然会变硬。

3 锅内放香油烧热加入红辣椒，把肉末下锅，加入味噌翻炒，然后加入豆腐、高汤、酱油、白糖和味精。用水溶解淀粉，水量是淀粉的两倍。豆腐煮好后加入水淀粉勾芡。

★ 这道菜的口味和所谓的"正宗麻婆豆腐"区别很大。因为加入了味噌和生姜，虽然有辣味但缺少刺激性。可以说是一种妈妈做出的"令人怀念的麻婆豆腐"口味。豆腐用量可依个人喜好增减。

奶油炖菜的原点

给人留下细煮慢炖的良好印象，以惊人的速度在日本普及的白色奶油炖菜。

白色奶油口味的魔力

人气漫画《机器猫》中出现了一道菜叫作"胖虎炖菜"。是由孩子王胖虎自制的，食材给人留下了深刻印象，其中包括腌萝卜、果酱、小杂鱼干等。在川崎市藤子·F.不二雄博物馆内设的咖啡馆，每到胖虎生日月的6月，都会供应这道菜。虽然配料搭配让人感觉不可思议，不过炖菜本身倒是孩子们喜爱的奶油口味。

◇

白色奶油味的炖菜在日本家庭中爆发性地普及，是在1966年（昭和41年）家庭食品公司开发的"家庭牌奶油炖菜"调味料风靡之后。据说，当时在试吃宣传的时候，顾客常会提出"这是醪糟汤吗？""是使用白色酱料煮制的吗？"这类问题。家庭食品公司的资料中也明确标注这道菜制作起来很费时间。

随着其强调家庭团聚等温馨场面的广告的推出，奶油炖菜调味料迅速走红，其他厂商也陆续推出了卤汁，奶油炖菜出现在家庭餐桌的机会大大增加了。

对于奶油炖菜走红的原因，料理研究家大原照子分析认为，"奶油炖菜实际上只用一口锅就能制作，并不困难，但因为需要炖煮的时间较长，所以显得格外美味难得"。结合自身曾在英国学习烹饪的经历，她说："在国外也有使用褐色系或者番茄类卤块的炖菜，白色的并不是很多。但日本的炖菜是孩子们喜欢的口味。"

奶油炖菜的发展史实际上与牛奶味和浓郁口味扎根日本的过程相一致。炖菜首次出现在《读卖新闻》家庭版是1915年（大正4年）的"鸡汤炖菜"，虽然使用黄油，但并没加入牛奶和生奶油。《百年食谱》评审委员会认为其"非常简洁，是奶油炖菜的原型"。"鸡汤炖菜"因此入选《百年食谱》。

◇

这个食谱后来采用了加入牛奶的做法。二战前，牛奶属于滋补食品，被用于生病疗养或强健儿童体格。不过，有不少人无法适应牛奶的味道，1939年（昭和14年）出版的《营养食品烹饪读本》（大日本料理研究会编著）中关于牛奶的记载也建议"病时饮用，（中略）恢复健康后停止"。

二战后，牛奶和炖菜被引入学校配餐中。《读卖新闻》家庭版的食谱也刊载了"猪肉奶油炖菜"（1974年），采用了加入生奶油的做法，味道变得更加浓郁。市面上销售的卤块也呈现出同样倾向。渡边真弓在家庭食品公司负责炖菜产品开发，她说："我们在改进产品的时候，尽可能让顾客感受到牛奶的奶油味道和香气。"2011年，S&B食品公司在产品中加入了发酵黄油，命名为"浓味炖菜"。其奶香更加强烈的浓厚口味备受好评。

事实上，不少家庭是将炖菜盖在米饭上食用。据家庭食品公司2013年的调查（针对居住在首都圈的600名家庭主妇的调查，多选）显示，三成被访者表示将奶油炖菜盖在米饭上作为"主食"食用；六成被访者将其作为主菜；不足四成被访者作为汤类食用。配料也是多种多样，例如西兰花、玉米粒、姬菇等。只要将家里现成的各种蔬菜加入白色酱汁，就能变出孩子们喜爱的美食。炖菜或许是一道能将牛奶的"魔力"发挥得淋漓尽致的菜肴。

川崎市藤子·F.不二雄博物馆提供的胖虎炖菜。@Fujiko-Pro

材料（4人份）

洋葱…1个

鸡肉（也可用 300g 鸡大腿肉代替）

土豆…300g（2个）

胡萝卜…200g（1根）

四季豆…100g（10根）

黄油…适量

盐、胡椒…各少许

水…4杯

小麦粉…1大勺

【一九一五年（大正四年）六月二十五日刊载】

鸡汤炖菜

做 法

1 洋葱切成大块,在平底锅内放入黄油翻炒,加入盐、胡椒。

2 将去除汤汁后的鸡肉切成适口大小加入后搅拌，之后转移到炖锅中加水。

3 把土豆、胡萝卜、四季豆切成适合入口大小投入炖锅中，炖煮大约1小时，加盐调味后，用少量水稀释小麦粉为炖菜勾芡后关火。

＊原来的食谱使用鸡架肉，水量为6合（1080cc）。我们在试做时使用的是鸡腿肉。鸡肉和蔬菜的汤汁形成清淡、朴素的味道。仅加入用少量水稀释的小麦粉就能做出白色炖菜的外观。

"和风意面"的新风

继那不勒斯面条和意大利肉酱面出现的美食——和风意面。

用纳豆、香菇、鳕鱼子搭配意面

罗珊娜是昭和时期曾风靡一时的人气男女组合"阿英与罗珊娜（ヒデとロザンナ）"的成员，她在家里经常制作鳕鱼子意面。17岁时，她从意大利来到日本。现在仍然在通过电视和书籍教授意大利的家庭料理。鳕鱼子意面使用具有日本特色的食材，她觉得"这很棒"。有时，她也会在这道菜中添加蘑菇、萝卜苗以及海带等食材。

罗珊娜第一次吃到鳕鱼子意面是在三十年前，在一家位于东京都内的意大利面馆。她回忆道："当时店员把面送上来，盛在大海碗里，颜色粉粉的。看着只觉得很奇怪，等吃到嘴里才觉得好吃。"

不过，回忆起年轻时吃过的那不勒斯面条，罗珊娜又露出苦笑："面软塌塌的，令人震惊！"

◇

意面的普及是在二战后。1955年（昭和30年），通心粉面世后不久，意大利面也上市了。据日清食品公司透露，现在市面上出售的意大利面条是使用100%杜兰小麦粉制成的，和意大利的做法完全相同。但意面在日本上市之初，却是用烤面包用的强力粉制作的，面条较粗，口感跟乌冬面相似。

之后，意大利面进入了那不勒斯面和肉酱面独霸天下的时代。而终于为意大利面带来新风的，则是"和风意面"。

1976年，《读卖新闻》家庭版以和风意面为主题推出了"鳕鱼子拌意面"食谱。《百年食谱》评审委员会认为，"既非培根蛋面，也非香辣意面，而是和风意面首先在日本流行开来，这一点很具日本特色"。和风意面因此入选本书。将和风大胆引入海外料理中，是日本人最擅长的做法。

◇

20世纪60年代，和风意面成为人们关注的焦点。

东京涩谷的意大利面专门店"壁之洞"于1963年开始营业，餐厅开张后陆续推出了使用大量纳豆、香菇等日本食材的菜单。1967年开始出售鳕鱼子意面。"壁之洞"的董事饭家昌良说："有一次，应顾客要求，我们在意面中加入了顾客自带的鱼子酱，结果非常好吃。后来我们就开始尝试其他更便于使用的食材，于是想到了鳕鱼子。"

饭家回忆，当时鳕鱼子一般是烤制食用，不少人都觉得把它拌入煮好的意大利面中，看上去"很恶心"。不过，鳕鱼子和意大利面条紧紧缠绕在一起，清淡之中又能品尝到海鲜的味道，其美味程度令人惊叹。由此，鳕鱼子意面成为大受欢迎的单品。

◇

到了20世纪80年代的泡沫经济时期，意餐开始流行起来。很多正宗意大利风格的意面菜肴开始为人所知。《读卖新闻》家庭版中也出现了诸如细通心粉、斜切通心粉等各种使用意面的食谱。

家庭用的意面沙司也呈现出令人眼花缭乱的景象。曾开发过很多和风口味沙司的日本制粉公司认为，日本高菜可能是仅次于鳕鱼子的和风口味。

如今，意面已经完全渗透到日本家家户户的餐桌。罗珊娜觉得其原因在于日本和意大利有很多相似之处：同样喜欢使用应季的蔬菜和海鲜，通过简单的烹饪保持食材本身的特色；并且同样喜爱面食又嫌麻烦。因此，易于制作的意面自然就广受欢迎了。

罗珊娜说："我想在意大利菜中应用更多的日本食材。"

鳕鱼子拌意面

【一九七六年（昭和五十一年）二月二十五日刊载】

材料（4人份）

意大利面…300g

鳕鱼子…1条

洋葱…1/4个

柠檬汁…1大勺

酱油…少许

盐…用量见做法

做法

1 在大锅内倒足量水，加盐至水中能够稍微尝出咸味，水开后放入意大利面散开，用筷子搅拌，使意大利面不至于粘在锅底，煮至图中所示程度即可。用筷子挑起一根确认软硬程度，以稍有硬心为宜。将煮好的面取出，沥干水分后转移到盆中。

2 用刀背摁压鳕鱼子·将鱼子粒取出，放入小碟中，加入柠檬汁和酱油。

3 洋葱切碎后用纱布包裹，加少许食盐后反复揉搓，用水冲洗后沥干水分加入到调制好的鳕鱼子中搅拌开。然后与意大利面混合后装盘。

＊这道菜的味道比较清淡。鳕鱼子分量较少，可适当增加。

为何会被咖喱所吸引

在一盘食物中可以同时品尝到肉和蔬菜的便利性，及其下饭的味道和香气，征服了日本人的心。

从军队普及到全国

发行于 1908 年（明治 41 年）的《海军烹调术参考书》是一本由舞鹤海兵团（京都府）推出的烹饪书。书中就出现了"咖喱饭"。将炒制后的面粉和咖喱粉用汤稀释，加入牛肉（鸡肉）和胡萝卜、洋葱、土豆一起炖煮。然后加上用高汤蒸熟的米饭，就成为非常时尚的一道菜了。

时间转到 2014 年。海上自卫队舞鹤地方队的"菅岛号"扫雷艇上，某日的午餐也是咖喱。日本的海上自卫队至今仍保留着每周五午饭吃咖喱的传统。据说这是为了让长期漂流在海上的官兵们不至于忘掉哪天是星期几而设定的惯例。当天，端上桌的是放有大块肉的牛肉咖喱饭。据"菅岛号"船务长野口贡盟介绍，船上负责伙食的"给养员"为了让每周都吃咖喱的官兵们不至于腻烦，各自精心磨炼制作咖喱的技艺。据称，"每条舰艇上不同给养员做出的咖喱味道各不相同"。

从明治到大正期间，咖喱是代表时尚的西餐。因最初兴起于军队，可以说是城市的口味逐步普及全国。在一盘食物中可以同时品尝到肉和蔬菜的便利性，及其下饭的味道和香气，征服了日本人的心。

◇

首次登上《读卖新闻》家庭版的咖喱，是 1915年（大正 4 年）的"猪肉咖喱"。猪肉是当时备受关注的食材。由于 1904—1905 年的日俄战争，士兵食用牛肉需求激增，导致其成为高价食材，因此，用来替代牛肉的猪肉得以迅速普及。

《百年食谱》评审委员会认为，"为了让日本人更易接受，咖喱食谱中注明要添加调味汁，这一点很有意思"，"这是一种增加了腌菜和佐料的和食风味"。

咖喱自面世至今，无论在哪个时代都是受欢迎

的人气菜品。它的菜码多种多样，既有肉类和海鲜，又有"萝卜和咸牛肉罐头"（2009 年）等。口味的选择也很多，有使用多种香料的印度风味和泰国风味等。除咖喱饭外，咖喱口味也被广泛应用到杯面和点心等食品。

如今，在日本各地，陆续涌现出许多地方性的咖喱口味，一些名人随笔中也时常可以看到关于咖喱的记述。向田邦子在她的《昔日咖喱》一书中曾经这样感慨："已经有了寿喜烧和炸猪排等美食，我们到底为什么还会觉得咖喱那么美味呢？"

◇

人们为何会被咖喱所吸引？曾出版过《咖喱教科书》（NHK 出版）等多部著作的咖喱研究家水野仁辅说："日本本来就善于吸收外来文化。由于距离咖喱发源地印度较远，因而培育出了本国的咖喱文化。战后，咖喱卤的问世更是具有革命性的意义。"

与混有香料的咖喱粉不同，日本的咖喱卤中含有肉类提取物。水野高度评价咖喱卤问世的重要意义："人们可以成功用它制作出自己喜欢的口味且不用担心失败。"这也是咖喱之所以能成为"日本国民代表性食物"的重要原因。水野还说："人们还可以少量添加其他的佐料与咖喱卤混合，这种独创性也令人乐在其中。"

一家团圆，抑或举办野营等活动的时候，说到主菜，人们总是联想起咖喱。可以自创喜爱的口味也是制作咖喱的乐趣之一。咖喱这种食物似乎总是能够触及热心于研究的日本人的心灵。

"菅岛号"扫雷艇士官室中的咖喱。除干部之外的船员在食堂吃自助咖喱饭。

No.6

猪肉咖喱

【一九一五年（大正四年）五月二十九日刊载】

材 料（2人份）

洋葱…200g（1个）

猪肉（薄片）…200g

土豆…200g（1大个）

黄油…10g

咖喱粉…1大勺

胡椒…少许

调味汁…2杯

米饭…2碗的分量

薤白、红姜…适量

做 法

1 在锅内放黄油，加入切碎的洋葱后撒咖喱粉进行翻炒。

2 猪肉切成薄片放入锅内，用胡椒调味，逐渐加入调味汁稀释后大火加热。去除上面的浮沫。

3 土豆去皮切块放入锅内，文火煮到土豆熟烂。

4 用盘盛饭后加入咖喱。佐以薤白、红姜等。

★ 因原食谱中没有标示用量，该食谱按试做时用量进行标注。可以加盐进行调味。因咖喱中加入了调味汁，所以制作出来的咖喱就像荞麦面店卖的咖喱，味道中正平和。如今人们已经习惯了香料味和辣味，这道菜相对而言更符合"儿童口味"。

用微波炉制作正宗"蒸"菜

微波炉从 1970 年左右开始在家庭中普及，曾是人们梦想中的厨具。蕴含无限可能。

从备菜到蒸制食品、制作点心无所不能

1964 年，美国研发的微波炉开始在日本为人所知。最早，它被设置在东海道新干线的列车餐车中，成为人们街谈巷议的"梦想中的厨具"。从 1970 年左右开始，微波炉逐渐走进寻常百姓家，到 1987 年普及率已超过 50%。

入选《百年食谱》的使用微波炉制作的菜品是 1989 年刊载在《读卖新闻》家庭版的"中式糯米饭"。这也是第一次在报纸上登载使用微波炉蒸制的糯米类食谱。对此，评审委员会评价道："使用微波炉就可以制作糯米饭，这在当时应该是很令人惊讶的一件事。"此后，同样的食谱也开始陆续见诸报端。

◇

研究烹饪学的文教大学教授肥后温子说："有些年轻人本来觉得蒸糯米饭做起来很麻烦，当他们知道使用微波炉就能制作后，自然会想去尝试。这可以引起人们对于烹饪的兴趣。"

除加热米饭外，从 20 世纪 80 年代开始，在《读卖新闻》的版面上，还陆续刊载了劝导读者使用微波炉备菜的文章，如用微波炉沥干豆腐水分、泡发干货等。此外，微波炉还被应用到蒸菜和点心制作中，近年来还出现了能够煮意大利面以及蒸蔬菜的专用器具。"微波炉料理"已经成为一个新的料理品类。

◇

同时，由微波炉完成加热时发出的声音衍生出的词汇"叮一下"，也作为表示使用微波炉的词汇在日语中固定下来。

将鱼放入耐热器皿中，加酱油、白糖和水，包好，用微波炉"叮一下"——

"煮鱼只用 4 分多钟，是使用普通锅制作时间的一半。味道基本没有差别。"料理研究家村上祥子笑着说道。

村上女士专注快速烹饪方法研究近四十年，她认为仅把微波炉用于加热预制的饭菜和解冻食品实在太可惜了，炖菜、杂合饭、小松饼等几乎所有你能想出的菜肴都可以用微波炉制作。

村上女士非常忙碌，经常往返于她居住的福冈市和东京的工作单位之间。她认为："因夫妻双方均有工作等原因，不少家庭没有多少时间在家做饭。对于那些时间紧却又想在家吃饭的人来说，微波炉是不可缺少的工具。"

不过，梅花女子大学研究饮食文化比较的讲师东四柳祥子女士指出，"这会导致家庭中的烹饪技术难以传承"。和炉灶不同，使用微波炉烹饪，人们无法看到烹饪中食材的变化以及制作完成的过程。东四柳女士说："在灵活使用微波炉的同时，希望大家也能体验边观察灶火强弱边制作的乐趣。"

今后，随着老龄化的加剧和单身居民的增加，微波炉的使用率预计也会更高。如何与微波炉共处，或许是左右日本餐桌未来的问题。

村上女士说："只需使用微波炉加热，就可以马上做好主菜和汤菜。"

【一九八九年（平成元年）七月十五日刊载】

中式糯米饭

材料（4人份）

糯米…2杯

干香菇…3朵

猪肉…100g

竹笋（焯水）…100g

胡萝卜…70g（1/3根）

油…用量见做法

中式高汤…$1\frac{1}{3}$杯

白糖…半大勺

酱油…1大勺半

料酒…1大勺

盐…1/4小勺

做法

1 糯米洗净用水浸泡1小时以上，然后沥干水分。

2 干香菇用水泡发后切成边长5mm的丁。猪肉、竹笋、胡萝卜也切成同样大小。

3 在锅内倒入1大勺油，加热后煸炒猪肉，猪肉变色后加入蔬菜翻炒。加入中式高汤、白糖、酱油、料酒和盐，煮到汤汁只剩下一半左右。把汤汁和菜码分开盛放。

4 把糯米和菜码倒入用于加热的容器中。汤汁加水（分量外）至280cc，也倒入容器中。覆上保鲜膜后用微波炉加热大约8分钟。取出搅拌约4分钟，再次搅拌时加入少许油继续加热4分钟。最好用微波炉一直加热到水分耗干为止。

★试做时选择500瓦功率进行加热。虽然口感不太糯，但菜和肉的香味已经充分渗透在糯米中，味道非常正宗。也可以不炒制菜码，与大米一起使用微波炉加热制作。

〔一九一五年（大正四年）五月八日刊载〕

和炸猪排、咖喱饭并称
三大西餐菜品

No.8

蔬菜可乐饼

材 料（4人份）

洋葱…1个

猪肉馅…300g

黄油…适量

盐、胡椒…各少许

土豆…670g（5个左右）

蛋黄…1个（加水）

小麦粉…用量见做法

面包糠…适量

牛油（可用沙拉油替代）…适量

做 法

1 将黄油在热锅中化开，倒入切碎的洋葱，稍微翻炒后加入猪肉馅，撒入盐、胡椒，待肉变色后放入一把小麦粉搅匀，关火盛出晾凉。

2 土豆去皮煮熟用筛网过滤研碎，撒入盐、胡椒，和1混合，团成草袋形。

3 将2裹上小麦粉，再裹上用水稀释的蛋黄液，最后裹一层面包糠使用牛油煎炸即可。

★ 原来的食谱中没有标注洋葱用量，故按照试做时用量进行标注。试做时是使用沙拉油煎炸的。肉很多。

〔一九三六年（昭和十一年）二月二十七日刊载〕

大正至昭和期间
中餐得到普及

No.9

炒饭

材 料（1人份）

鸡蛋…1个

大葱…半根

猪肉…40g

米饭…大海碗8分满

猪油…70cc

盐、胡椒…用量见做法

做 法

1 鸡蛋在碗中打散，大葱只用葱白部分切成薄片，猪肉切小块。

2 锅中放入猪油化开，加肉翻炒，撒少许盐、胡椒。

3 倒入鸡蛋，在表面未凝固前加入米饭，撒入一撮盐，充分翻炒，尽量将米饭打散。加入大葱，稍微炒制后盛出。（使用冷饭制作时，猪油化开后首先加入米饭，将米饭打散，让油像是能将米粒一粒一粒包裹起来那样，充分翻炒后再加入其他食材。）

★ 以现在的感觉来看，猪油量较多，可适当减少。

【一九三七年（昭和十二年）一月十六日刊载】

肉饼＝肉丝料理

No.10

牛肉罐头饼

材 料（便于制作的分量）

咸牛肉罐头…1 小罐

土豆…3 个

卷心菜、黄油、盐、胡椒…各适量

做 法

1 把牛肉从罐中取出拆解成细丝，土豆煮熟去皮过筛。

2 将牛肉与土豆混合，用盐、胡椒调味，摊平做成小圆饼状，平底锅中放黄油熔化后，将肉饼煎至两面金黄。

3 卷心菜切成适合入口大小，用黄油翻炒，以盐、胡椒进行调味后拼盘。

★ 咸牛肉罐头料理于 20 世纪 30 年代问世。咸鲜美味。

【一九四三年（昭和十八年）九月十日刊载】

战时食品菜单

No.11

面疙瘩汤

材 料（5—6 人份）

胡萝卜…100g（半根）

白萝卜…150g（1/6 根）

洋葱…150g（3/4 个）

大葱…25g（1/4 根）

调味汁…900cc

小杂鱼干…10 条

A　小麦粉…350g

　　发酵粉…10g

　　盐…1 小勺

　　水…230cc

盐、酱油…各适量

做 法

1 蔬菜用水洗净，胡萝卜、白萝卜切成扇形，洋葱切成 2cm 长，大葱切成 3cm 长的葱段。

2 把除大葱以外的所有蔬菜、调味汁、小杂鱼干一起倒入锅内，炖至蔬菜软烂。

3 把 A 所示调料进行混合。先混合粉末类，加盐用水溶解。

4 待 2 中的蔬菜炖至软烂后，用酱油和盐调味，用汤勺将调制完成的 3 舀进锅内。面疙瘩煮好后，加入大葱稍煮一下即可关火，趁热食用。

★ 面疙瘩的分量如减少一半以上会更好吃。

战后面包类食品
普及的象征

No.12 鸡蛋三明治

材 料（4人份）

吐司面包（三明治用薄切片）…600g

黄瓜…2根

煮鸡蛋…3个

培根…2片

洋葱…1/4个

沙拉酱…1大勺　芥辣粉…半小勺

黄油（或人造黄油）…适量

沙拉油、醋、盐、胡椒…各少许

做 法

1 面包单面薄薄地涂抹一层黄油。黄瓜加盐揉搓，切成适当长度，使其不致从面包中露出，尽量切成薄片后撒上沙拉油、醋、盐、胡椒。

2 培根切成碎末，在平底锅中炒至干透，用纸吸去多余的油脂。洋葱切成碎末后过水。鸡蛋切碎。

3 把培根、鸡蛋、洋葱放在盆中，用沙拉酱、芥辣粉搅拌后涂在面包上，放上黄瓜，再盖上一片面包。用揾布包裹后放置几分钟。去掉面包边，切成喜欢的形状食用。

＊做法细致，鸡蛋加培根香味浓郁，黄油也别有风味。

令人怀念的鱼肉肠

No.13 甜辣煮香肠

材 料（5人份）

鱼肉肠…2根

青椒…5个

油…1大勺

A　酱油…3大勺

　　白糖…2小勺

　　料酒（或水）…2大勺

做 法

1 鱼肉肠切成厚约1cm的圆环状，青椒去籽去蒂后切成四块。

2 平底锅内倒油加热，放入鱼肉肠和青椒进行翻炒，略微焦煳后放入A所示调料，煎煮收汁。

＊略带咸鲜味，非常下饭。也可酌情减少酱油用量。

【一九五九年（昭和三十四年）四月六日刊载】

战前还出现了用乌冬面制作的这道菜

No.14 焗烤通心粉

材 料 （5人份）

通心粉…200g
干香菇…4 朵
洋葱…1 小个
鸡肉…120g
生面包糠…4 大勺
黄油…用量见做法

A（白色酱汁）
黄油…1 大勺
盐、胡椒…各少许
脱脂牛奶…2 杯
小麦粉…3 大勺

做 法

1 用 A 所示调料制作白色酱汁：锅中放入黄油加热，倒入小麦粉翻炒，加脱脂牛奶（脱脂奶粉用水溶解），撒入盐、胡椒。

2 通心粉煮熟，控干水分。

3 香菇用水泡发后切成细丝，洋葱切成薄片，鸡肉切成细丝。用 1 大勺黄油首先翻炒香菇和洋葱，加入鸡肉丝后大火翻炒。

4 在 3 中加入通心粉混合，用 1 杯白色酱汁搅拌，加热后关火。

5 按每盘一人量分好，铺上剩余的白色酱汁，在表面撒上面包糠和黄油碎片，放入烤箱中用大火加热 4—5 分钟直到面包糠微微烤焦。如果没有烤箱，可用白色酱汁搅拌后，小火加热 3 分钟左右盛到盘中。

---

* 虽然酱汁较少，但干香菇起到了补充香味的作用。

【一九六一年（昭和三十六年）四月一日刊载】

酱油味的和风烤牛排

No.15 日式烤牛排

材 料 （5人份）

牛肉（切开的肉块）…80g×5 块
大蒜…1 瓣
生姜…1 片
酱油…4 大勺
料酒（或味醂）…2 大勺
油…2 小勺
小葱（或香葱）…1 根
土豆…400g（2 大个）
盐…2/3 小勺

做 法

1 把大蒜和生姜磨碎，倒入酱油和料酒进行搅拌后，放入牛肉腌制 30 分钟以上。

2 牛肉腌制入味后取出，放入平底锅中用油进行煎烤。烤好后撒入小葱末。

3 拼盘用的土豆切成四大块，放入加盐（分量外）的沸水中，使用中火并注意适当调节灶火大小，煮大约 25 分钟。待土豆软烂后倒掉热水，重新置于火上，撒盐干烧。

---

* 如肉块较厚，可切成易于入口的大小煎烤。试做时肉的用量较少，实际制作中可以加倍。煮土豆的时间可酌情缩短。

【一九六五年（昭和四十年）五月十四日刊载】

应用广泛、制作方便的煎炸食品

No.16 炸鱼肉山药糕

材料（4 人份）

鱼肉山药糕…5 个

小麦粉…适量

鸡蛋…1 个

面包糠…适量

煎炸用食用油…适量

做 法

1 把鱼肉山药糕竖放，切成 2 等分或 3 等分的长方形块。鸡蛋打散备用。

2 按步骤分别裹上小麦粉、蛋液、面包糠，平底锅内倒油加热后，煎炸至两面金黄。

（配菜可以选择卷心菜丝或其他时令蔬菜。此外，也可将鱼肉山药糕片成口袋状，夹入奶酪、火腿等裹上面包糠进行煎炸。）

★ 表皮香脆，里面柔软，还略带甜味。

【一九七八年（昭和五十三年）四月十六日刊载】

令人怀念的旧时风味

No.17 蛋包饭

材料（4 人份）

鸡蛋…6 个　　　牛奶…1 大勺

鸡肉…200g　　　洋葱…半个

西红柿…1 个　　米饭…3 杯

番茄酱…2 大勺

青豌豆（水煮）…适量

油、盐、胡椒、黄油…用量见做法

4 在盆中将鸡蛋打散后加入牛奶，撒入少量盐、胡椒。锅内倒入 1 大勺油加热，使其盖满整个锅底，加入 1 小勺黄油，待其熔化后在平底锅内倒入 1/4 蛋液，煎成圆形蛋饼。

5 将 1/4 分量的鸡肉饭倒入蛋饼中，从两端将其包裹成月牙形。用揩布调整形状，在表面划出十字形开口。剩下的 3 人份也采用同样制作方法。

★ 适当减少番茄酱的用量，更能品尝出食材的风味。

做 法

1 鸡肉切成边长 7—8mm 的丁状。洋葱切碎，西红柿去籽后切碎备用。

2 在锅中倒入 1 大勺油加热，翻炒鸡肉和洋葱，撒入少许盐、胡椒后取出。

3 在锅中再倒入 1 大勺油，加入米饭，用木铲打散后充分翻炒（手从下面握住平底锅手柄中间，通过颠勺的手法可以把饭打散）。放入 2 中炒好的鸡肉和洋葱，以及西红柿、青豌豆，加入番茄酱进行混合，制作鸡肉饭。

【一九八九年（平成元年）八月二十六日刊载】

因20世纪80年代后期开始的辛辣热潮而流行

No.18

辣白菜炒肉

材料（4人份）

猪肉（薄片）…300g

韩式辣白菜…100g

小葱…1把（100g）

香油…1大勺

白糖…2小勺

酱油…2大勺

大蒜（碎末）…1小勺

做法

1 将猪肉薄片切成 3—4cm 大小。辣白菜切成 2cm 宽，小葱切成 5—6cm 长。

2 在中式炒锅内倒入香油加热，翻炒猪肉。炒熟后加入辣白菜进行混合，加入小葱、白糖、酱油和蒜末，迅速翻炒后盛出。

★ 微辣鲜香，非常下饭。

【一九九〇年（平成二年）八月十九日刊载】

广受欢迎的沙拉酱还被用到米饭制成的菜肴中

No.19

杂样饭团

材料（4人份）

大米…3杯

牛肉（薄片）…100g

生姜…1片

金枪鱼罐头…1小罐

野泽菜…1棵

培根…2片

胡萝卜…100g（半根）

腌萝卜…50g

盐、白糖、料酒、酱油、沙拉酱、油、味噌、白芝麻…用量见做法

烧海苔、紫苏叶…各适量

做法

1 大米加水（分量外）蒸熟，混入2小勺白芝麻和半小勺盐。

2 牛肉和生姜切成细丝，加入半大勺白糖、1大勺料酒、1大勺半酱油混合后炖煮。

3 去除金枪鱼罐头中的油后把金枪鱼撕碎，加入1大勺半沙拉酱和少许酱油进行混合。

4 野泽菜和培根分别切成细丝，加少许油翻炒。

5 胡萝卜切成 3cm 长的细丝，倒入1大勺油略微翻炒后，加入料酒1大勺、味噌和白芝麻各1大勺半进行翻炒。

6 腌萝卜切成细丝，混入半小勺白芝麻。

7 1张烧海苔切成6等份。把饭盛入大盆中，分别铺上2—6中制成的食材。使用烧海苔或紫苏叶裹入米饭和喜欢的食材食用。

健康型和风改良食谱

No.20

豆腐汉堡肉

材料（4 人份）

鸡肉馅（或猪肉馅）…250g

木棉豆腐…半块

大葱…1 根

A　酱油…1 大勺

　　料酒…1 大勺

　　蛋黄…1 个

　　姜汁…少许（1 片量）

　　面包粉…2 大勺

金针菇…1 袋

姬菇…1 盒

油、盐、胡椒…用量见做法

白萝卜…200g（1/5 根）

做 法

1 豆腐用搌布包裹，在砧板上放置大约 30 分钟控干水分后用手捏碎。大葱切成碎末。

2 用 A 所示调料与肉馅混合，然后再与 1 混合，平均分为 4 份后团成圆饼状。

3 平底锅中倒入 1 大勺油，把 2 中做好的汉堡肉放入锅内，先用大火煎 30 秒，然后调成小火煎 3 分钟。翻面后重复如上操作。

4 金针菇和姬菇去根打散，放少许油略微翻炒后加少量盐和胡椒。把汉堡肉和炒蘑菇装盘，用白萝卜泥进行点缀。

★ 松脆的大葱口感非常不错。

第二章

和食的力量

　　被列入世界非物质文化遗产名录的"和食"，对日本人来说，近在身旁、触手可及。本章中我们将追溯炖菜、烧烤、火锅等常见菜的变迁，重新认识和食的魅力。

百年间和食的巨大变化

何谓"和食"？

2013 年，"和食"被联合国教科文组织列入世界非物质文化遗产名录。"和食"这个词汇伴随文明开化、西餐的引进产生，最早是为与"西餐（洋食）"加以区分而使用的。

静冈文化艺术大学校长熊仓功夫介绍说："家庭内和食的基本构成是以米饭为中心，搭配汤菜、腌菜和主菜。也就是所谓的'定食'，一般是'一汤三菜'，但也可以不遵循这个数量搭配。"

在申请世界非物质文化遗产时，日本政府总结了和食的以下四个特点：

（1）多样化的新鲜食材，珍视食材原本的味道；

（2）营养均衡有益健康；

（3）充分表现自然的美感和季节感；

（4）与每年例行的活动或仪式密切相关。

《百年食谱》在进行筛选时，接受东京家政学院大学名誉教授江原绚子的建议，将以下四点作为和食的条件：

（1）以酱油、味噌等传统调味料为主味；

（2）和式调味汁使用海带等熬煮而成；

（3）能够作为佐饭菜肴；

（4）是日本人常吃的米饭、盖饭或面条。

在传承方面的尝试

《粮食供需表》是能够显示食物消费动向的指标之一。根据日本国内消费用粮食除以人口数得出的国民人均纯粮食供给量（按重量计）变化可以看出，最近一百年间，大米消费量减少了一半以上。

同时，尽管食用应季海鲜是日本饮食文化的特征之一，但在今天的餐桌上，肉类已经超过了海鲜。通过卡路里比例来看三大营养成分的平衡，传统日本食品中，碳水化合物含量较高。二战结束后，人们的饮食情况得到改善，到 1980 年时，蛋白

质、脂肪和碳水化合物占比分别为 13%、25.5% 和
61.5%，可以说这个比例已经接近于理想值。但是，
近年来，由于脂肪占比增加，营养平衡遭到一定
程度的破坏。同时，很多人平时习惯购买便当和
成品菜肴，传统烹饪技术的传承岌岌可危。因此，
以向下一代传承和食为目的的活动"食育"目前
正在各地蓬勃开展。例如，京都开展的"专业厨
师传授的正宗调味汁的味道"、福井地区开展的"学
习料理本地食材和鱼的厨艺课堂"等都是非常有
益的尝试。

京都大学研究食品营养学的名誉教授安本教
传指出："从自给自足到依赖进口，食品种类发
生了巨大变化。然而，以米饭为中心的和食形态
依旧存在。我们要努力研究对策，将和食的优点
传承下去。"

大米、肉类、海鲜的供给量变化（kg/ 国民年均）

	1911—1915 年度平均	1970	2012
大米	130.7	95.1	56.3
肉类	1.3	13.4	30.0
海鲜	3.7	31.6	28.4

根据《粮食供需表》制作

三大营养成分平衡的变化

※ 该数值是以 1980 年度的卡路里比例为 1 的指数

"妈妈的味道" 牛肉炖土豆

关于这道菜的起源说法不一，有诸如海军发祥说、由寿喜烧衍生而来、由炖菜衍生而来等说法，但可以肯定的是，它是日本人公认的"妈妈的味道"……

"牛肉炖土豆"这个名称其实比较新

说起"牛肉炖土豆"，我们脑海中首先浮现的是亲切的、令人怀念的"妈妈的味道"。然而，位于广岛县吴市的吴森泽酒店供应的牛肉炖土豆则给人留下非常豪放的印象。土豆块多是整个土豆或半个土豆。菜码非常朴素，除牛肉和土豆外，还有洋葱和魔芋丝。使用酱油、白糖、酱汁精心调味，很适合作为下酒菜。

吴市和京都府舞鹤市并称"牛肉炖土豆的发祥地"。其创始者并非"妈妈"，而是海军。吴森泽酒店的藤田雅史告诉记者，酒店提供的牛肉炖土豆是在参考旧海军配餐教科书的基础上制成的，是一种略微浓郁的甜辣口味。

关于牛肉炖土豆发祥地的说法，首先是舞鹤市于1995年提出的，其后1997年吴市也提出了同样说法。这两座城市其实都是旧海军的驻地。昭和初期的烹饪教科书中刊载的"甘煮（甜味炖菜）"实际上就是现在的牛肉炖土豆，据说是随着部队相关工作人员返乡探亲而得以在各地推广的。另有一种说法是，明治时期，由日俄战争中日本海军的活跃人物东乡平八郎赴任时模仿西式炖菜制作的菜品发展而成。

不过，关于这道菜的起源，除了海军发祥说，还有由寿喜烧衍生而来、由炖菜衍生而来等说法，不一而足。《读卖新闻》报纸首次刊载的近似牛肉炖土豆的菜品是大正时期1922年的"牛肉炖土豆胡萝卜洋葱"。

令人意外的是，"牛肉炖土豆"这个名称其实比较新，据说是在20世纪70年代才得到普及的。入选《百年食谱》的，是1981年的"牛肉炖土豆"。评审委员会专家认为，"那是一种妈妈的味道，是具有代表性的国民料理"。

在NHK电视节目《今日料理》的文本中，该名称是在1964年出现的。河村明子长期担任该节目的编导，她说："最初作为新土豆料理介绍给观众时，采用的是非常朴实的说明手法。然而，这道菜是日本人喜爱的甜辣口味，加之食材便宜，口感很好，孩子们也都很喜欢。堪称家庭料理的杰作。"

◇

20世纪70年代，料理研究家土井胜强烈呼吁"要将妈妈的味道传承下去"。他认为在战后西餐化程度加深、方便食品普及的背景下，人们应该重新审视使用朴素的蔬菜制作的炖菜等和食存在的意义。

他的次子、同样也是料理研究家的土井善晴说："父亲在战后曾经教授正宗的日本料理，但他日益产生一种危机感，那就是母亲们制作的那种朴素的风味正在逐渐流失。"对于土井胜来说，"妈妈的味道"就是用新挖的竹笋制作的炖菜那种应季的味道；就像在食欲不振的夏季，在味噌汤中加上手擀面能够让人体会到的那种朴素的亲情。这样的料理能够让人的精神层面更加充实。

因二战时、战后粮食紧张，很多70年代的主妇都没能从自己的母亲那里传承到烹饪手艺。在这种情况下，制作烹饪节目的媒体起到了很大作用。媒体传播的牛肉炖土豆，因易于制作而大受欢迎，一跃成为新型"妈妈的味道"。时至今日仍旧人气不减，在《读卖新闻》家庭版中也反复出现。

土井善晴说："父亲曾经说过，所谓'妈妈的味道'就是真心。也就是说，那道菜可以令人的脑海中浮现出做菜人的脸庞。做菜人需要照顾到食用者的身体状况和心情，这一点非常重要。因此，简单易做的炖菜反而是最适合的。尽管现在已经是不问下厨人性别的时代，然而我还是衷心希望和式家庭料理能够不断传承下去。"

吴森泽酒店（广岛县吴市）的牛肉炖土豆。吴市、舞鹤市等与海军结下深厚缘分的四座城市每年会共同举办烹饪活动。

牛肉炖土豆

【一九八一年（昭和五十六年）九月六日刊载】

材料（4人份）

牛肉（薄片）…100g

土豆…400g（2大个）

胡萝卜…280g（1根半）

洋葱…100g（半个）

调味汁…1杯—1杯半

白糖…近3大勺

盐…半小勺

酱油、料酒、沙拉油…用量见做法

青豌豆（水煮）…2大勺

做法

1 牛肉切成长约3—4cm的小块，分别加1小勺酱油和1小勺料酒进行调味。

2 土豆切成6—8块，过水。胡萝卜切成比土豆块略小的不规则形状。洋葱先竖切成两半，然后再横切成宽约5mm的细丝。

3 锅内加2大勺沙拉油加热，放入土豆、胡萝卜翻炒。然后加入洋葱迅速翻炒一下，倒入调味汁煮5分钟。加入白糖、盐、2勺半酱油、2勺料酒，用中火炖煮约10分钟。

4 平底锅内加半勺沙拉油加热，放入沥干水分的牛肉，将牛肉两面煎至上色后转移到**3**所示锅中。加入牛肉后继续炖煮约5分钟，待汤汁几乎熬干时加入青豌豆。

源于筑前，传至全国

不知从何时起，福冈乡土料理"乱炖"已经成了在便利店也能买到的日常菜肴。

有肉有菜，营养均衡

大约三十五年前，开始在电视剧中饰演角色的演员武田铁矢有一天被导演领到了东京都内的某个日式酒家，发现菜单上竟然有"筑前煮"这道菜。武田的老家在福冈县。他不知道这道带有故乡地名的菜到底是什么样。端上来一看，居然就是鸡肉和根菜的炖菜。他惊讶极了："这不就是'乱炖'吗！"他完全没有想到，在东京居然还能够见到母亲经常做的这道乡土料理。他说："我母亲亲手做的乱炖里，只有零星的鸡肉，但真是好吃极了！把汤汁浇到米饭上吃最棒了！"

筑前指福冈县西北部地区。但这道菜在当地被叫作"乱炖"（game），因为它是由剩余的边角料食材炖煮而成，还有一种说法是因为炖了龟或者鳖（kame）所以得名。关于这道菜的起源也是众说纷纭，有的说是"黑田藩的战场料理"，也有的说是"丰臣秀吉派大军前往朝鲜半岛时，由驻扎在福冈的士兵创造出来的"。日本经济大学讲师竹川克幸对福冈的饮食文化有深入的研究，他说，在江户时代的厨艺书《料理物语》中，还记述了与乱炖这道菜相似的"煎鸡肉"。

◇

《百年食谱》评审委员会认为，"九州的乡土料理能在全国范围内得到推广这一点非常有趣"。它不但已经成了厨艺教室和学校教学的固定菜式，在便利店也能够买到。本篇选取的是 1923 年（大正 12 年）的"鸡肉蔬菜筑前炊"。因为产生于冰箱尚未普及的年代，这道菜味道浓郁，味醂用量较多，甜味较浓。1938 年还出现了使用鱼肉制作的"筑前煮"。

家住福冈市的料理研究家山际千津枝分析认为，"甜口酱油味是日本人喜欢的口味。烹调方法也不复杂，并且采用当地易于入手的食材。这些大概就是这道菜得到普及的原因"。

二战后，学校的配餐进一步提高了筑前煮的热度。在由全国的营养教谕·学校营养教员组织的"营养教谕期成会"秘书处工作的饭泉和子女士说："这道菜中有肉有菜，营养均衡。通过 20 世纪 70 年代米饭配餐的实施，作为合适的下饭菜获得了较高评价。"听说，近年来，这道菜作为病号餐和陪护餐也引起了高度关注。

◇

在全国范围内得到普及的乡土料理有很多种。2007 年，农林水产省结集出版了一本《农山渔村乡土料理百选》，受到民众广泛欢迎。除"乱炖"外，石川县的"治部煮"以及高知县的"手压入味鲣鱼"等都入选其中。

在筑波学院大学经营信息学系研究生活文化的古家晴美副教授认为，作为米饭替代品的乡土料理，在战争期间粮食供应不足的背景下备受关注。同时，高度经济成长期之后，除供果腹外，也成了人们"享用的对象"。

武田铁矢说，他每次在饭店看到乱炖时都会不由自主沉浸在回忆中。"上世纪 20 年代初，当我从打工的建筑工地回到家，母亲会做好乱炖等我，亲手为我倒啤酒。这种被妈妈当作一个'成年人'看待的感觉，真是令人高兴。"

乡土料理丰富了和食的内涵，也充实了日本人的内心。

对福冈出身的武田铁矢来说，筑前煮是故乡的味道、妈妈的味道。

鸡肉蔬菜筑前炊

【一九二三年（大正十二年）二月十日刊载】

材 料（3人份）

鸡肉…190g

牛蒡…110g（略多于半根）

胡萝卜…80g（略少于半根）

魔芋…150g

干香菇…10g（2—3朵）

荷兰豆…40g（15—16片）

洋葱…110g（略多于半个）

盐…少许

香油…1大勺

调味汁…180cc

味酥…160cc

酱油…3⅔大勺

花椒末…少许

做 法

1 鸡肉切成适当大小。牛蒡和胡萝卜边转动边切成指尖形状，迅速焯一下并沥干水分。魔芋切成随意大小，揉上盐迅速冲洗一下。香菇用水发开，切成四半过水焯一下。

2 洋葱竖切，大概等分成四块。荷兰豆去除老筋后放入沸水中，适当煮一下，用漏勺捞出撒少许盐。

3 在锅内倒入香油，翻炒 1 备好的食材。放入调味汁和味酥稍煮一会儿，然后加入酱油，熬干后放入洋葱焖一会儿。完成收汁后将炖锅从火上移开，装盘。上面点缀以荷兰豆，撒上少许花椒末。

（洋葱也可不放。荷兰豆可用鸭儿芹或菠菜代替。）

温馨的火锅料理

简单易做、营养均衡且美味。火锅料理是餐桌上烘托团聚气氛的主角。

丰富多彩的食材，连接人与人的纽带

近年来，火锅料理在餐桌上的存在感与日俱增。MIZKAN 食品公司的调查（2013 年）显示，在从秋季到第二年春季这段时间内，有四成被访者每月至少做四次火锅。火锅的优点很多，其中包括"可以吃到很多蔬菜"（92%）以及"无须制作其他菜肴"（72%）等。

《百年食谱》选录的是 1986 年(昭和61年)的"什锦火锅"。火锅内包括肉、蔬菜、豆腐等多种食材。评审委员会评价称，"通过这一道菜，人们就能获得丰富的营养，烹饪时间也比较短，非常适应时代需求"，"什锦火锅的食材可谓全明星阵容"。

怀石近茶流宗家柳原一成在教授日本料理的同时也致力于对全国各地食材的考察，他分析认为，"像日本这样拥有如此丰富的火锅料理种类的国家实属罕见。其中很多都属于乡土料理。清洁的水源等特殊的水土可能是导致火锅料理如此兴盛的原因"。日本的火锅料理主要分为以下三种：（1）豆腐锅、鸡肉汆锅等蘸取佐料或调料食用的"水煮"；（2）什锦锅、关东煮等使用酱油、味噌以及汤汁制成的"煮汁锅"；（3）寿喜烧、牡蛎土锅等味道浓郁的"寿喜锅"。

◇

火锅料理原本多采用分食模式或者单人锅。江户时代，在餐馆中盛行使用七厘炭炉或火盆边煮边吃的"小锅"，这种也是单人锅。像现在这种大家都在同一锅中捞取食材食用的形式，据说是在明治之后开始流行的。"什锦火锅"出现于 1906 年（明治39年）出版的烹饪读物《和洋割烹法》。

进入昭和时期后，煤气炉开始在普通家庭中得到普及。带软管的桌炉的使用逐步增加。其中，岩谷产业于 1969 年（昭和44年）发售的不带软管可

自由搬运的油气桌边炉具有划时代意义。据该公司透露，"（我们的产品）尤其是在战后出生的、购买意向强烈、被称为'新家庭'的人群中引起了很大的反响，从 1976 年左右销量开始迅速增加"。

20 世纪 80 年代后，火锅呈现出多样化趋势。"中华风什锦锅""牡蛎西式火锅"等见诸报端。其后又开始流行咖喱锅和番茄锅等。同时，随着单身家庭的增加，单人锅再次引起了人们的关注。

酱油味和咸味等和式火锅如今仍然大受欢迎。MIZKAN 调查显示，"火锅底料市场中销量增长最快的，就是什锦锅等清淡口味"。因为它不容易令人吃腻，且能够充分发挥食材本身的风味。

◇

"为欢迎新的合租伙伴，今天我们开锅趴吧！"

一位居住在东京都新宿区合租住宅、在餐厅工作的女性通过免费通信应用程序 LINE 向合租伙伴发出了上边这样的邀请。所谓"锅趴"，指的就是"火锅派对"。这间合租住宅内生活着四名 24—27 岁的女性。她们聚集在公用客厅内，围坐在煮着鸡肉丸、蔬菜和很多蘑菇的火锅旁，边吃边喝啤酒。关于开火锅派对的原因，姑娘们解释说："从制作丸子等准备阶段开始，大家都能找到很多话题。不知不觉间，酒也喝了一杯又一杯，即便大家是初次见面，气氛也会很快融洽起来。"

柳原先生指出："火锅的优势就在于绝佳的味道和团聚的氛围。""每到火锅季节，希望人们能够和家人或朋友围坐在火锅前，尽情感受那种温馨的气氛。"

怀石近茶流宗家柳原一成认为，像日本这样火锅种类丰富的国家实属罕见。

什锦火锅

【一九八六年（昭和六十二年）十一月二十二日刊载】

材 料（4人份）

虾…4只

鸡肉…100g

白菜…4片

茼蒿…半把

香菇…8朵

魔芋丝…1袋

煎豆腐…1块

大葱…1根

调味汁…6杯

盐…2小勺

酱油、味酥…各1大勺

做 法

1 虾去掉虾线，稍微煮一下后去壳。鸡肉切成适合入口大小。

2 白菜把菜叶和菜心分切成大块，茼蒿去秆，摘取尖端备用。香菇去根后，用湿布去污。

3 魔芋丝煮熟后切成适合入口长短。煎豆腐切成3cm大小的方块，大葱薄薄地斜切。

4 使用砂锅或者其他适合在餐桌上摆放的锅具，加调味汁、盐、酱油、味酥煮开，先从白菜芯等不易煮熟的食材开始，边煮边吃。味道变淡后可以添加盐、酱油等。

＊虾和鸡肉的汤汁充分渗入蔬菜中，清淡而美味。

替代沙拉的即席腌菜

据说，"腌菜"从奈良时代开始就有了。随着人们越来越追求健康，腌菜开始流行低盐，口味也出现了新变化。

不断进化的腌菜

腌菜的历史非常悠久。奈良时代的木简中就有关于用盐腌渍瓜等蔬菜的记述。之后，腌菜得到进一步发展，江户时代关于腌菜的书籍《四季渍物盐嘉言》中记载了64种腌菜，"腌菜于每日膳食至关重要。无论何种家庭，一刻亦不可少"。与此同时，作为可长期保存的食物和菜肴，腌菜也受到人们的重视，米饭和汤、腌菜的组合构成了和食的基本要素，在此基础上，人们添加主菜和配菜以佐餐。

◇

战后，腌菜发生了巨大变化，"低盐化"迅速普及。研究食品微生物学的东京家政大学教授宫尾茂雄称，在最近五十年内，泽庵腌萝卜的盐分已经由原来的12%减少到约3%。从前，为便于保存，盐用量较多，而今，"随着冷藏和包装等方面保存技术的进步，生产企业越来越重视如何解决顾客所关注的盐分和健康的关系问题"。

同时，人们在家庭中制作的腌菜也发生了巨大的变化。随着饮食西餐化的发展，传统腌菜出现在餐桌上的机会越来越少。Betterhome协会（东京）2011年针对400名参加厨艺课堂的女性所做的调查显示，仅有一成的被访者仍在自己制作米糠酱菜。放弃制作的原因主要是"保存太麻烦"。

《百年食谱》选录的是1997年的"现腌蔬菜"。对于报道中关于"推荐作为沙拉替代品"的表述，评审委员会评价认为，"能够从中感受到重视健康的时代特征"。这道现腌蔬菜是把蔬菜用盐短时间腌制后，加入酱油调味搅拌而成的。

受荏原(EBARA)食品工业于1991年发售的"浅渍素（即席腌菜料）"热卖影响，即席腌菜作为蔬菜烹饪法之一得以普及。从事食品化学研究的宇都宫大学名誉教授前田安彦说："现在的腌菜不但新鲜，而且色泽鲜艳，能够让人品鉴到蔬菜本身的香气和味道。"

◇

与此同时，一些人仍在沿用过去的米糠酱菜做法。

在下课后的烹调实习室，福冈县筑上町县立筑上西高中"手工制作部"的成员们开始了他们每天都会进行的糠床（米糠腌料）维护工作，房间内弥漫着米糠的香味。

筑上町位于九州北部，那里非常盛行米糠酱菜。传说江户时代此地藩主就曾鼓励居民腌制米糠酱菜。2008年，手工制作部的成员们为了解当地饮食文化，从本地居民那里分得了据说有一百年历史的老糠床。

除传统腌菜中常见的茄子、黄瓜等蔬菜外，她们还改良制作了"挑战性糠床"。例如，加入咖喱粉的"咖喱床"，用它腌出的彩椒，能充分调动蔬菜的甜味，好吃得令人吃惊。另外还有加入香蕉的糠床。在当地腌菜达人的指导下，学生们一直坚持着对糠床的维护。部长石田翔子说："第一次用手摸到糠床的时候觉得很恶心。现在早就适应了。当我们的腌菜受到家人和老师的称赞时，我特别高兴。也希望能把这门技艺传承给学弟学妹们。"

和食已被联合国教科文组织列为世界非物质文化遗产。发酵学者小泉武夫强烈呼吁："人们应该重视经过乳酸发酵，拥有独特香气的传统腌菜。"2013年，他主持成立了向国内外推介日本发酵食品优点的专门组织。他希望人们了解到"腌菜不为人知的魅力"，例如用白菜制成的腌菜不仅可以和蔬菜一起炒，还可以放进火锅中食用，是一种兼作调味料的食材。

筑上西高中手工制作部的同学们每天都用大约10分钟时间维护糠床。

No.24

现腌蔬菜

【一九九七年（平成九年）七月十八日刊载】

材 料（4人份）

茄子…2个

卷心菜…200g（3—4 片）

黄瓜…1 根

胡萝卜…40g（1/5 根）

野姜…3 根

绿紫苏…8 片

海带…边长 5cm 四方块 1 张

A　酱油…1 大勺　　醋…1 大勺

　　味醂…1 大勺

B　盐…2 小勺　　　水…2 大勺

木鱼花…1 袋（3g）

熟白芝麻…1 大勺

做 法

1 海带用剪刀剪成细丝，用 A 中所示调料腌制半天时间。

2 茄子先竖切为两半，然后斜切成宽 1cm 的条状。黄瓜同样先竖切为两半，然后斜切为长 7—8mm 的黄瓜片。

3 卷心菜切成宽 2cm、长 5cm 的长条状。胡萝卜切成宽约 1cm、长约 3cm 的长条状。

4 野姜纵向切成薄片，绿紫苏去梗切丝。

5 把 2—4 中备好的食材放到一起，加入 B（盐和水），上面放置一件较轻的重物，密封腌制 1 个小时左右。

6 在 5 中所示蔬菜出水发蔫后，用水快速冲洗一下，沥干水分，加入木鱼花和 1 中备好的海带，搅拌后盛入盘中，最后撒上炒熟的白芝麻。

＊蔬菜可选择手边现有的蔬菜灵活搭配。

照烧是世界通用语言

照烧最早出现在江户时代的烹饪书籍中。而今，Teriyaki已然成为国际标准。

色泽和香味勾人食欲的咸甜酱汁

"照烧"是指用以酱油为基调的调味汁烧烤食材。这种诞生于日本的烹饪方法，如今已被全世界所认同。走进美国的超市，可以看到货架上标注着"Teriyaki"的调味汁。其中，你还能发现"蜂蜜＆菠萝味""辛辣味"等日本没有的新口味。标签上是烧得恰到好处的肉的图片。

1957年，龟甲万公司在将酱油销往美国时提供的食谱就是照烧肉。而调味汁是从1961年开始出售的。该公司在日本国内销售的照烧酱汁只有一种，而在美国则销售多达15种酱汁。

三明治连锁店"赛百味"从2003年开始在美国销售"甜味洋葱鸡肉照烧三明治"，面包中夹着浇有照烧酱汁的鸡肉和蔬菜，至今仍然是其在世界上一百多个国家销售的招牌菜。

◇

京都的老字号日式饭馆"菊乃井"的老板村田吉弘是这样评价照烧的："其褐红的色彩和浓郁的香味引诱着人们的食欲。咸甜平易的口味能够满足众人的需求。"

关于照烧的最早文字记录可以追溯到江户时代的烹饪书籍。在19世纪的《御本式料理仕向》一书中，记载了用酒和酱油烧制干鲱鱼的做法。而使用味醂和白糖烧出红润光泽菜肴的手法是在明治时期之后才开始普及的。

大正时期，刊载在《读卖新闻》家庭版的照烧都是使用海鲜烧制的。例如，海参、龙虾、鲑鱼和墨鱼等。当时采取的做法是把腌制好的鱼穿成串，用七厘炭炉等上火烧烤后再涂上酱汁。

《百年食谱》选录的是1989年的"鲕鱼照烧锅"，采用平底锅制作，涂上咸甜口酱汁。评审委员会评价这道菜"做法简单，在家里也可以制作""可以从中感受到烧鱼方法的变迁"。因为它的咸甜口味，这道菜非常下饭。鲕鱼的油脂被加入了味醂的酱汁中和，如果赶上吃鲕鱼的最佳时令，这道菜肯定更加美味。

◇

提起照烧，部分评审委员表示，这是一种令人怀念的味道："以前每到晚饭的时候，在大街上都能闻到烤鱼的香味。"如今，烤制方法已经演变为使用扦子或铁网。带烤鱼网的煤气灶台在20世纪60年代逐步普及开来。林内（名古屋市）公司于1963年推出的煤气灶台，其中一边燃气灶可以兼作烤鱼网使用，通过手柄调节火向上或者向下。由于在狭窄的厨房也可以安装使用，该产品一经推出就受到消费者的热烈欢迎。如今，带有烤架的炉灶已成为厨房标配。该公司负责人表示："日本人想吃到美味烤鱼的想法促进了烤架的进化。"

据说，最新式的产品不仅可以自动调整烧烤程度，还能控制油烟。尽管市面上能够见到这样先进的烤架，但近来使用平底锅烧鱼块的人正在不断增加。烤架也被用于烤制吐司等其他用途。

村田先生认为："照烧、烤鱼串等比较费时的和食技法，原本是为了使应季的廉价鱼变得更好吃。随着人们在家里制作鱼料理的机会越来越少，向下一代传承手艺的机会也渐渐消失了。"

在我们生活的当代，如何把前人追求美味的技法代代传承下去？或许，我们有必要重新认识和食的传统了。

在美国销售的令人眼花缭乱的"Teriyaki"酱汁（在龟甲万拍摄）。

〔一九八九年（平成元年）五月八日刊载〕

No.25

鰤鱼照烧锅

材料（4人份）

鰤鱼…4 块

盐…2/5 小勺

油…1 大勺

A　味醂…2 大勺

　　酱油…2 大勺半

　　白糖…1 大勺

　　酒…1 大勺

白萝卜…160g（1/6 根）

做法

1 鰤鱼撒上盐放置 5—6 分钟。

2 平底锅内倒油烧热，擦去鰤鱼多余的水分后，让摆盘时展示的一面朝下入锅煎烤。不时摇动，用中火烧 4—5 分钟。待烤色出现后翻面，用同样方法煎烤另一面。

3 将鰤鱼从锅中取出，倒掉煎鱼用的油，加入 A 中所示调料，煮到汁液呈现出黏稠状态为止。这时，把鰤鱼重新放入锅内，在肉块上涂满酱汁。

4 白萝卜磨成泥，挤干水分。

5 把鰤鱼和萝卜泥装盘。

No.26

【一九一五年（大正四年）七月三日刊载】

令人怀念的副菜

黄瓜拌干鲣鱼

材 料（5人份）

黄瓜…2 根

干鲣鱼（生节）…150g

盐…半小勺

绿紫苏…10 片

醋…半小勺

酱油合醋…（2 大勺醋 +2 小勺酱油 +1 大勺调味汁）

做 法

1 黄瓜去蒂，部分去皮（如黄瓜较粗，可以切成两半后去籽）后切成薄片撒盐，用镇石压住放置一会儿。

2 把绿紫苏切成细丝后与黄瓜混合，过水挤干后加醋。

3 撕下干鲣鱼的白色部分放入盘中，把 2 中准备好的黄瓜从醋中捞出装盘，浇上酱油合醋。

* 干鲣鱼是把鲣鱼片成三片后蒸熟晾晒而成的。因原食谱中没有标明用量，此处记录的是试做时的分量。

No.27

【一九一六年（大正五年）三月二十八日刊载】

充满海岸香气的咸煮海味

咸煮海苔

材 料（6人份）

生海苔…200g

酱油…60cc

酒…30cc

鲣鱼干（鲣节）…少许

味醂…少许

做 法

1 生海苔用水清洗，去除上面附着的脏东西，拧干用刀切碎。

2 锅内放酱油和酒，加入削碎的鲣鱼干，煮好后过滤。

3 把备好的生海苔放入 2 准备的汤中，尝一下味道，加入少量味醂煮熟。

* 因原食谱中没有标明用量，此处记录的是试做时的分量。

〔一九一七年（大正六年）四月二十日刊载〕

用时令食材煮出的菜饭

No.28

竹笋饭

材 料 （方便制作的分量）

竹笋⋯半根

大米⋯5 合

A　水⋯600cc

　　酒⋯3 大勺

　　酱油⋯近 5 大勺

　　盐⋯少许

做 法

1 竹笋焯水去皮，泡水去除涩味后，切成长条。

2 用砂锅一类的锅具将 A 所示调料煮开，把竹笋和大米同时倒入锅中，用平时蒸普通米饭的方法蒸熟即可。

★ 使用开水代替凉水蒸饭时叫作"开水蒸饭"，适合需要在短时间内蒸大量米饭的情况。原食谱的用量是蒸制 1 刀大米，试做时改成了 5 合，是原食谱的一半。

〔一九一七年（大正六年）十月二十七日刊载〕

非常好吃的黄豆常备菜

No.29

什锦豆

材 料 （5 人份）

黄豆⋯1 杯（130g）

牛蒡⋯100g（半根）

胡萝卜⋯100g（半根）

葫芦干⋯适量

藕⋯100g（1 节）

冻魔芋⋯半张

酱油⋯1 大勺

白糖⋯1 大勺—1 大勺半

做 法

1 黄豆加约 3 倍量的水（600cc，分量外）浸泡一晚。

2 上火把黄豆煮至软烂后加入切成小块的牛蒡、胡萝卜、葫芦干、藕和冻魔芋。加入酱油和白糖，炖煮收汁。

★ 冻魔芋是魔芋冷冻后干燥而成的。因原食谱中没有标明用量，此处记录的是试做时的分量。虽然这道菜味道清淡，但干货的风味得到了很好的体现。

No.30

炒牛蒡丝

材料（5人份）

牛蒡…1大根

油…少许

A　调味汁…2大勺

　　味醂…2大勺

　　酱油…2大勺

辣椒…半个

做 法

1 把牛蒡的皮刮掉清洗干净，切成 6cm 左右的丝在水中浸泡后，用笊篱把水沥干。

2 锅中倒油加热，放入牛蒡丝翻炒，加入 A 所示调料焖煮，然后加入切碎的辣椒再煮一下。

★ 牛蒡不是斜削成薄片，而是需要切成细丝。因原食谱中没有标明用量，此处记录的是试做时的分量。吃起来脆脆的，口感很好，甜辣口味也很下饭。

No.31

玉子烧配萝卜泥

材料（5人份）

蛋液…190cc（大约 3 个超大号鸡蛋）

A　调味汁…90cc

　　白糖…适量

　　酱油…适量

　　盐…适量

香油…少许

白萝卜…190g（1/5 根）

做 法

1 蛋液中加入 A 所示调料后搅拌均匀。

2 在玉子烧锅内倒入香油充分加热，然后倒入适量搅拌好的蛋液，待其半凝固后，用筷子将蛋饼从一端卷至另一端。接下来再倒少量油，再次加入蛋液，翻卷第二层。重复以上步骤，直至蛋液用完煎好为止。

3 把煎好的蛋切成适当大小摆放在盘中。把白萝卜磨成泥，挤出水分后拼盘。

★ 白糖、酱油和盐的用量可依个人口味适当增减。需要注意的是，如白糖用量过多，或者在锅还没烧热时就倒入蛋液可能会导致粘锅。

[一九三六年（昭和十一年）五月二十二日刊载]

明治以后得到普及的"开化饭"

No.32

牛肉饭

材 料（5人份）

牛肉···约190g　　洋葱···2个

鸡蛋···3个　　　荷兰豆···少许

米饭···5碗

A　调味汁···360cc

　　味醂···3大勺半

　　酱油···6大勺

　　白糖···1大勺

做 法

1 牛肉切成细丝，洋葱切成大块，荷兰豆用沸水焯熟备用，鸡蛋搅拌均匀。

2 准备一口较深的大平底锅，加入A所示调料煮沸，加入牛肉和洋葱烧熟后，放入荷兰豆。

3 将搅拌好的鸡蛋用漏勺均匀倒入锅内，待半熟时盛出，倒在盛放在大碗中的热饭上。然后将大量汤汁浇在上面。

★ 可以适当增加牛肉用量。

[一九三八年（昭和十三年）十一月十八日刊载]

用油炒食材煮制的丰盛杂烩汤

No.33

日式杂烩汤

材 料（5人份）

豆腐···1块

牛蒡···1/3根

芋头···7个

胡萝卜···半小根

白萝卜···6cm

油···适量

盐···适量

调味汁···1000cc

酱油···适量

做 法

1 豆腐用搌布包裹，吸去水分后拆成小块。所有蔬菜切成银杏叶状。

2 锅中倒油加热，翻炒1备好的食材，撒盐，再加入调味汁，煮到软烂为止，最后加入酱油调味。

★ 关于这道菜的由来说法不一。有说是源自镰仓时代建长寺的斋菜"建长汤"，也有说是源自江户时代从中国传入的菜肴变化而成的"卷织"。在原食谱中，油使用的是反复用过多次的"回锅油"。

No.34

素炸蔬菜

作为寺院斋菜发展起来的炸蔬菜

〔一九三九年（昭和十四年）七月二十五日刊载〕

材料（5人份）

四季豆…110g（10多根）

茄子…5个

南瓜…1/8个

绿紫苏…10片

新生姜…适量

A（面衣）

　　鸡蛋…1个　　水…110cc

　　盐…1小勺（8分满）

　　小麦粉…180cc

B（蘸汁）

　　调味汁…90cc　味醂…1大勺

　　酱油…1大勺

油…适量

白萝卜…适量

做 法

1 四季豆切成适合入口大小。茄子切成6mm厚的圆片。南瓜薄薄地去一层皮后切成适口大小。新生姜切成薄片。

2 把B所示调料制成蘸汁。

3 用A所示食材制作面衣（蛋液加水后加盐，然后倒入小麦粉迅速搅拌）。

4 用**1**中切好的蔬菜和绿紫苏裹上**3**中制好的面衣用油煎炸。把白萝卜磨成泥，和蘸汁一起佐餐。

No.35

调味炸鸡

炸鸡是和食经典

〔一九六一年（昭和三十六年）二月二十二日刊载〕

材料（5人份）

鸡肉…300g

生姜…1片

酒…1大勺半

酱油…1大勺半

淀粉…3大勺

发酵粉…半小勺

油…适量

水溶芥末…适量

做 法

1 鸡肉切成宜入口大小的块状，生姜去皮切成末。把鸡肉、生姜、酒和酱油倒入盆中，腌制30分钟。

2 把淀粉和发酵粉充分混合，用细网过筛。

3 下锅之前把**1**中备好的鸡肉滚上**2**中备好的面衣，放入加热到约160度的低温油中炸至金黄。炸制过程中注意用筷子把鸡块分开，避免粘到一起。炸好的鸡块可直接食用，也可按个人口味加少许芥末佐味。

＊试做时使用的是鸡腿肉。口感香酥。在大正时期，使用鸡蛋和面粉调和的面衣制成的炸鸡天妇罗常以"金色天妇罗"的名称出现在报纸版面上。

【一九七〇年（昭和四十五年）五月十六日刊载】

学校配餐中也会出现的
令人怀念的风味

No.36

立田炸鲸鱼块

材料（4 人份）

鲸鱼肉…300g

A　酱油…50cc

　　水…50cc

姜汁…1 片量

小麦粉、淀粉…各适量

油…适量

盐、胡椒…少许

荷兰豆…200g（约 80 片）

做 法

1 鲸鱼肉切成薄片，用 A 所示调料腌制至少 1 小时。

2 （裹面衣前）在腌好的鲸鱼肉上涂抹姜汁，然后把对半混合的小麦粉和淀粉撒至每片鲸鱼肉的两面。

3 油加热到中温，把鲸鱼肉再次蘸满淀粉，下锅煎炸。

4 用于拼盘的荷兰豆去筋，放到加盐的沸水中迅速焯一下水，把水控干后加油翻炒，撒上盐、胡椒，盛出拼盘。

【一九七二年（昭和四十七年）十二月十一日刊载】

传说始于江户时代的
代表性蒸菜

No.37

茶碗蒸

材 料（4 人份）

小虾…4 只　　鸡肉…100g

香菇…4 朵　　鸭儿芹…几根

鸡蛋…2 个

A　酒…少许　　酱油…少许

B　调味汁…约 2 杯（蛋液 4 倍的量）

　　盐…1 小勺　　酱油…1 小勺

　　味醂…1 小勺

鱼板…4cm

柚子皮…1/4 个柚子量

做 法

1 小虾去掉头和虾线，鸡肉切成宜入口大小的块状，用 A 所示调料调味。香菇去根，鸭儿芹切成 2—3cm 长。鱼板切成 1cm 厚。

2 鸡蛋打散，注意不要使其起泡，加入 B 所示调料后，用厨用纱布过滤。

3 把 1 和 2 中备好的食材盛放到蒸制茶碗蒸的容器中，撇去气泡，放入水开的蒸锅内，用中小火蒸 20—30 分钟。用竹扦在茶碗中央刺一下，看到有透明汁液流出，说明茶碗蒸已经蒸好。

4 放入切成细丝的柚子皮。

＊各种食材的风味充分碰撞出的美味。鸭儿芹如果点缀在成品上，颜色看起来会更鲜艳。

【一九七三年（昭和四十八年）十月九日刊载】

浸透了蘸汁的米饭也很好吃

No.38
天妇罗盖饭

材料（4人份）

对虾…4只　　墨鱼…1条

小茄子…2个

青椒…1个（或绿辣椒适量）

香菇…4朵

面衣（用1个鸡蛋的蛋液加
160cc凉水，再加100g小麦粉
搅拌而成）

A（浇汁）

　调味汁…1杯　酱油…5大勺

　白糖、味醂…各3大勺

　　　　酒…1大勺

油…适量

米饭…4大碗

做法

1 虾除尾部一节外去皮，去除虾线，把尾巴尖切除排出水分后，用淡盐水清洗，然后用笊篱捞出沥干水分。

2 墨鱼剥开，去除灰骨，把表皮和薄膜去除后切成短段。肉厚的部分可在正反面用刀切出斜纹，与虾一起涂满面粉（分量外）。（裹上面粉可以防止溅油。）

3 小茄子去蒂后，剖成两半。用水漂洗一遍去除涩味。青椒切成四等份，去籽。香菇去根。所有蔬菜用揩布吸去多余水分。

4 把 **1** 至 **3** 备好的食材裹上面衣，在160度的低温油中炸完蔬菜后，把油加热至170—180度，把虾和墨鱼炸酥。

5 把 A 所示调料混合后，用中火煮沸。

6 用大碗盛米饭，将炸好的食材摆放出漂亮的形状，用大勺盛2—3勺 **5** 中备好的浇汁，均匀浇在天妇罗上，使其入味，然后盖好盖子。

＊据说"天妇罗"一词来源于葡萄牙语的"tempero（调味料）"。源自外来文化的煎炸手法在江户时代得到发展，孕育出和食的代表性菜肴。

No.39

干烧羊栖菜

江户时代烹饪书籍中收录过的家常菜

〔一九七八年（昭和五十三年）九月十二日刊载〕

材 料 （4人份）

羊栖菜（干燥）…30g

油炸豆腐…2 片

胡萝卜…15g（不到 1/10 根）

沙拉油…2 大勺

A　调味汁…半杯

　　白糖…4 大勺

　　酱油…2 大勺半

　　酒…1 大勺

熟白芝麻…适量

做 法

1 羊栖菜用水清洗去污，沥干水分后浸入温水中，放置一会儿泡发。用笊篱捞出除掉水分。

2 油炸豆腐竖向切成两半，然后切成 5mm 宽的长条，放入沸水中去油，除掉水分。胡萝卜切丝。

3 锅中放沙拉油加热，按顺序先后放入胡萝卜、羊栖菜和油炸

豆腐稍微翻炒一下，然后加入 A 所示调料，盖上小锅盖煮至完全收汁为止。

4 盛放在容器内，稍微堆高一些，在上面撒上用刀切碎的熟白芝麻。

* 味道稍甜。油炸豆腐可适当减少。

No.40

咖喱乌冬面

调味汁和咖喱的黄金组合

〔一九九二年（平成四年）十一月三日刊载〕

材 料 （4人份）

乌冬面（煮好）…4 份

猪肉（瘦肉薄片）…150g

洋葱…1 个

胡萝卜…40g（1/5 根）

调味汁…5 杯

A　盐…半小勺

　　酱油…2 大勺

　　味醂…3 大勺

　　咖喱粉…1 大勺

淀粉…2 大勺

青豌豆（水煮）…2 大勺

做 法

1 猪肉切成 2cm 宽。洋葱从中间切成两半后，再切成约 5mm 宽。胡萝卜切成 1cm 宽、3cm 长的长条。

2 调味汁煮沸，把 1 中备好的食材放入调味汁中煮 4—5 分钟。撇出浮沫后，加入 A 所示调料继续煮 2—3 分钟。

3 把淀粉用 4 大勺调味汁化开，然后倒入 2 备好的汤中，放入青豌豆煮沸，为汤勾芡。

4 用热水焯一下乌冬面，然后倒入温热的大碗中，把 3 备好的咖喱芡汁浇在面上。

* 据说咖喱乌冬面是在明治后期，伴随咖喱饭的普及而诞生的。和洋合璧不仅体现在米饭类食品上，也体现在了面食上。

第三章

创造幸福的点心

从古至今，无论成人还是儿童，品尝点心的时间都是令人感觉最幸福的时刻。那些带有质朴的妈妈味道的蒸糕和蛋奶布丁等令人怀念的点心，不逊于任何高级甜点。

源于江户时代的点心

下午未时的食物

据说，吃点心的习惯在民间普及开来是在江户时代。从那以后，各种各样的点心就丰富着日本人的生活。

点心就像它在日语中的汉字①所表示的那样，是在一天之中的未时（第八个时辰，下午2—4点）食用的。江户东京博物馆研究员田中实穗分析认为，"江户中期，人们的饮食习惯由一日两餐变成一日三餐，同时，在下午未时食用点心的习惯也得到了普及"。

白糖原本是需要进口的高级商品，后来，在第八代将军德川吉宗的奖励下开始在国内生产。白糖变得易于购买，是甜味食品得到普及的主要原因。

江户后期的戏曲作家曲亭马琴，在日记中曾多次提及豆沙包、煎饼、江米团等点心。在日本著名浮世绘画家三代歌川丰国的浮世绘作品中，也能看到把制作成鱼形的白糖点心"金花糖"递给孩子，以及家人一起品尝流行的点心的场景。

西点通过学校和军队传播开来

明治时期的文明开化之后，《读卖新闻》也开始在版面上介绍蛋糕以及果冻的制作方法。据主持"食品与历史研究室"的青木直己介绍，"欧美风格的新式西点主要是通过学校和军队逐渐普及到全国的"。城市中开设的西点店和军队商店，对于从地方来的年轻人而言是非常时髦的。经过大正、昭和时期，国产的奶糖和巧克力等也开始了批量生产。

战争也对点心产生了一定影响。1941年《读卖新闻》的连载《我家的点心》中，就介绍了用剩饭制作的代用年糕小豆汤等，用少量白糖制作点心的技巧，那些手法都是从读者来信中募集的。

战后，借由餐饮店和超市某样点心很容易就传播开来。例如，20世纪50年代的软冰激凌和爆米花、60年代开始上市的百奇和米果等，后来也成了长期畅销的商品。

70年代以后，可丽饼、提拉米苏、椰果、华夫饼、马卡龙等世界各地的点心通过媒体介绍流行开来。最近，"甜点"一词也成了甜味点心的固定说法。

青木先生说："无论点心的种类如何变化，和家人或朋友一起享用的习惯已经扎根于人们心中。点心告诉人们，如何通过食物来享受交流的乐趣。"

①写作"おハつ"，即"第八（时辰）"。（译注）

令人怀念的手工制作冰激凌

在茶叶罐内放入冰激凌材料后用冰冷冻。如做实验般令人兴奋的冰激凌制作。

和女儿一起挑战冰激凌制作！

在众多的冰激凌食谱中最终入选《百年食谱》的是大正初期的"手工制作冰激凌"。在茶叶罐内放入制作冰激凌的原料，从外侧用冰进行冷却并使其凝固，看起来似乎很简便。评审委员会认为，"制作方法非常有趣"。

这种冰激凌的制作利用了给冰加盐使温度降至零下的原理。通过旋转茶叶罐或者搅动冰块的方法使冰融化，冰与容器的接触面变大从而促进冷却。饮食文化研究家、西点师傅吉田菊次郎指出，"冰激凌的发展史其实就是一部科学发展史"。

◇

在欧洲，冰激凌的制造方法是在16—17世纪发明的。日本人直到明治之前都无从知晓其中的原理。

据说，冰激凌在日本的制作销售是在1869年（明治2年）由横滨的一家店铺首开先河。因当时店铺较少，报纸上就刊载出了在家里手工制作的食谱。吉田先生介绍说："明治时期冰激凌刚刚上市的时候，好像采用的也是在桶里加冰，手动旋转的制作方法。和手工制作冰激凌的食谱相同。"

到大正时期，市面上销售的家用制造器流行开来。二战后，冰箱开始普及。20世纪60年代后期，报纸上又介绍了把原料放入容器中，在冰箱的制冰室（冷冻室）内冷冻成型的食谱。

◇

大正时期也是冰激凌工业化生产开始的时期。点心制作公司"明治"的前身"极东炼乳"在1921年（大正10年）开始生产冰激凌。而二战后冰柜的使用使得冰激凌能够大量流通。同时，面向成年人开发的乳脂成分含量较大的高级冰激凌等产品也有所增加。日本冰激凌协会专务理事小林景介绍说："团块世代从儿时就喜欢吃冰激凌。因此，冰激凌消费如今已经扩大到银发一族。"该协会调查显示，从1997年到2012年，冰激凌一直是人们最喜欢的甜点。2013年，生产商的出货金额高达4330亿日元，创历史新高。吉田先生说："如今，冰激凌已经成了一年四季皆可食用的甜点。今后，还可以尝试和时令水果相组合的新吃法，在研发方面还有很多新的可能性。我也建议不妨偶尔尝试在家中手工制作。"

◇

那么，使用茶叶罐是不是真的能够制作出冰激凌呢？笔者和爱吃冰激凌的4岁女儿进行了尝试。

首先，我们购买了冰块和1袋食盐。在一个大盆中铺满冰块，撒入超过食谱标注量的盐，插入放有原料的金属茶叶罐。女儿表现得很有干劲，不时旋转茶叶罐，或者用勺子搅动冰块，玩儿得不亦乐乎。不过几分钟，女儿就急切地问："做好了吗？"并不断查看茶叶罐里面的食材，可是，还没有凝固。两人交替旋转15分钟后，终于发现内侧一面已经开始凝固，赶紧拿勺子舀出品尝。我们是按照食谱制作的，没有加糖，不过女儿表示很满意，说"很甜！有水果的味道"。

但不久后女儿累了，于是我一个人继续搅动。女儿在旁边不停催促："还没好吗？还没好吗？"到原料基本凝固时，已经一个小时过去了。真累！

手工制作出的冰激凌是像果汁冰霜一样的清淡味道。鸡蛋仅使用了蛋黄，加糖之后感觉更好吃些。

用勺子搅动冰块。父女俩一起用茶叶罐试制冰激凌的过程就像做实验一样，很开心。

材 料（2人份）

牛奶…180cc

鸡蛋…2个

橘子油…4—5滴

冰、盐…适量

手工制作冰激凌

〔一九一四年（大正三年）七月四日刊载〕

做 法

1 在茶叶罐内倒入牛奶和蛋液后充分搅拌，滴入橘子油继续搅拌。

2 把茶叶罐放入桶中，桶和罐之间塞入冰块和盐。用力转动茶叶罐，罐内食材逐渐凝固，冰激凌就做成了。（也可用筷子在茶叶罐周围充分搅动代替旋转茶叶罐。）

---

* 原食谱中不含白糖，加入 2 大勺白糖也很美味。另外，鸡蛋也可只用蛋黄部分。

吃不腻的治愈系点心

鸡蛋味浓郁、令人怀念的布丁。口感最适合日本人喜好的经典点心。

一口,就能品味到幸福

传送带上不断传输着布丁,空气中飘荡着香甜的味道。位于东京都昭岛市的格力高乳业公司的工厂内,正在生产大家所熟知的"普京布丁"。在填充室内,黄色的液体正在被注入杯中,那是焦糖。令人惊讶的是,焦糖立刻就会沉到杯子底部,形成鲜明的层次。负责布丁制造的石田达也告诉记者:"只要温度、比重以及黏度满足条件,焦糖就会完全沉淀到杯底。"

我在现场品尝了还是液体形态的布丁,咕嘟咕嘟喝进去,微温甘甜。

盖上盖子,经过重量检查等环节后,布丁被传送进室温为零度的冷却室内。据石田先生说,经过约两小时冷却,布丁就会变得嫩滑、有弹性。

作为世界上最畅销的布丁,1972年发售的"普京布丁"已经获得吉尼斯认证。自上市以来,至今已经创下51亿个的销量。该公司表示:"食用普京布丁的快乐回忆从父母辈传承到了子女辈。在不改变以往味道的前提下,针对布丁在口中溶化时的口感以及弹性等方面,我们也在不断进行改良。"

日本是布丁大国。在便利店以及超市内,可以看到货架上排列着各种各样的布丁。甜点记者平岩理绪说:"无论是入口还是吞咽时的感觉,布丁无疑都非常符合日本人的喜好。世界上几乎没有其他国家像日本这样拥有这么多品种的布丁。"

此次入选《百年食谱》的是1929年(昭和4年)刊载的"蛋奶布丁"。布丁自大正时期初次刊载后,至今为止曾反复见报,可谓点心中的经典款。

在英国,布丁是使用面包屑或小麦粉、肉片、鸡蛋、干果等食材干蒸而成的食物。如今,布丁多指使用牛奶、鸡蛋和白糖等制成的蛋奶布丁。关于其起源,其中一种说法是源于法国点心的影响。

东京的日本桥人形町有一家"江户点心匠人筑紫",生于1851年(嘉永4年)的初代经营者留下的食谱集中就有一道"西洋风茶碗蒸点心"。如今,以这道菜为原型,该店的第五代经营者鹭谷真观在店内出售再现了往昔老食谱的产品。原材料只有白糖、鸡蛋和牛奶。入口感觉稍硬,但鸡蛋的浓郁醇香和甜味随即溢满整个口腔,正是正宗布丁的味道。

◇

二战后,随着冰箱的普及,可以在家中简单制作的商品流行开来。1964年,好侍食品公司开始发售"布丁米克斯"。其实就是布丁混合热水后冷却凝固的。

20世纪90年代后期,使用生奶油,通过低温干烧而成,具有入口即化口感的布丁成为新的流行。在入口即化的布丁俘获众多拥趸的同时,以往口感稍硬的布丁也在逐步恢复往日的荣光。平岩告诉笔者:"大约从五年前开始,布丁界出现了一股回归原点的风潮。很多人品尝后都惊讶地表示过去的口味更好。"

消费者的喜好正在进一步细化。在这样的背景下,生产者开发出了针对不同消费者的产品,例如面向不爱吃甜的男性的新商品以及更加强调鸡蛋、牛奶用量的产品等。

借用布丁爱好者云集的"布丁之友会"会长山野上宽的话来说:"布丁是最佳的治愈系点心。仅需一口,就能品味幸福的味道。每天吃也吃不腻。"

格力高乳业工厂生产的"普京布丁",发售以来创下了51亿个的销量纪录。

No.42

蛋奶布丁

〔一九二九年（昭和四年）十二月二十六日刊载〕

材料（3个份）

鸡蛋…3 个

牛奶…180cc

白糖…1 大勺

A（焦糖）

　　白糖…2 大勺

　　热水…2 大勺

黄油、柠檬精…各少许

做 法

1 把 A 所示白糖放入平底锅内中火加热，煎至淡褐色，加入同量热水混合，制作成焦糖。

2 鸡蛋打开搅拌，加入白糖后用牛奶稀释，滴入柠檬精增加香味。

3 在布丁模具或者咖啡茶杯内侧用手指涂满黄油，在底部中央滴入少许焦糖，然后注入 **2** 备好的液体至八成满。

4 把 **3** 备好的注入液体的容器放进煮沸的蒸笼中大约蒸 30 分钟，蒸好后取出，用扦子等细长物体将布丁从容器中剥离，倒入盘中趁未凉时食用。

----

* 按照食谱蒸制 30 分钟的话，可能会出现气泡。蒸 15 分钟左右时就能凝固，可视具体情况减少蒸制时间。鸡蛋含量较多导致这款布丁较硬，甜度不是很高。因原食谱中没有标注焦糖用量，故按试做时用量进行标记。

源自法国的时尚点心

最初作为法国点心被引进的可丽饼，非常符合日本人的心性，并且进化得更加可爱了。

原宿成为可丽饼的圣地

可丽饼是薄煎饼的一种，就是被煎得像绉绸一样的薄饼。据说其原型是法国西北部布列塔尼的"格蕾派饼"。"格蕾派饼"用荞麦面、鸡蛋和盐等原料制作，主要作为主食食用。

在日本，可丽饼主要是在酒店内作为法餐甜点提供的，翻开帝国饭店的公司史志，可以看到在1937年（昭和12年）的餐厅食谱中就有关于可丽饼的记载。

《读卖新闻》上刊载可丽饼的做法是在1965年。该食谱被选入《百年食谱》名录。当时的报道在介绍可丽饼时将其描述为"巴黎的御好烧[1]"。由此可见，在当时可丽饼尚不为人所知。评审委员会认为，"这款点心令人觉得法国就在身边"。

◇

20世纪70年代后期，新的可丽饼文化在日本得到了很大发展。1976年，从法国归来的岸伊和男在东京涩谷开设了一家外卖形式的"马丽恩可丽饼"店。可丽饼在法国外卖时使用报纸包裹，但这家店是用专门的纸张包裹。不久，这家店就成了人们排队争相购买的名店。岸先生回忆道："当时正是麦当劳等快餐食品得到普及的时代。尤其是对年轻人来说，这种边走边吃也让人感觉很酷的时尚甜点成了新的流行。"1977年，他在原宿又开了一家店铺。

最初的产品大多是涂抹果酱食用的，比较质朴。1977年在原宿开设的"可丽饼咖啡馆"出售的可丽饼中则包裹了水果及冰激凌，成为人们热议的话题。该店创始人小野瑞树回忆道："我们成了《ANAN》等时尚杂志争相报道的对象，以至于人们提到原宿就会想到可丽饼。"

可丽饼为何在日本如此深入人心？西式点心研究家今田美奈子分析认为："可丽饼薄而细腻。搭配水果也很可爱。非常适合日本人的口味与喜好。"

◇

而在可丽饼的原产地巴黎，如今，发祥于日本的"原宿风"可丽饼大受欢迎。走进位于年轻人聚集地马莱区的"公主可丽饼"店，心形的窗户和粉色的装饰引人注目。来店的顾客很多，大部分是带孩子的父母或者年轻人。

用可丽饼卷上水果、生奶油或者冰激凌等，外面用纸包裹，拿在手中食用。这是一种我们在日本司空见惯的形式。不过据说，法国可丽饼本来的馅料非常简单，主要是白糖或果酱等，一般是在座位上用刀叉食用。我们在店内采访了一位二十多岁的男性顾客，他说："我还是第一次吃到卷有冰激凌的可丽饼。味道很不错！"这家店铺的可丽饼定价是3欧元起。

这家店铺是在2011年开始营业的。把日本洛丽塔风格时装品牌引进巴黎的泽田贵彦开设该店的原因据说是为了满足服装爱好者的需求。他说："店铺开业后引起了超越预期的巨大反响。很多从世界各地来到巴黎的游客也纷纷到店。"来自日本的"可爱型"可丽饼在原产地同样受到了消费者的欢迎。

原宿风格的可丽饼在日本独立发展后，除法国巴黎之外，还传播到中国以及柬埔寨等地。今后，它还会发生怎样的进化呢？

---

①御好烧是用铁板烧制的日式煎饼小吃。关西风味的御好烧即"大阪烧"，另有广岛风味的"广岛烧"。详见P54。（译注）

巴黎的原宿风可丽饼店"公主可丽饼"。周末店内挤满了顾客。

巴黎风可丽饼

【一九六五年（昭和四十年）十一月十日刊载】

材 料（4人份）

小麦粉…1 杯

鸡蛋…1 个

牛奶…100cc

洋酒…1 大勺

白糖…3 大勺

香草精…少许

柠檬皮…一个柠檬的量

油…少许

做 法

1 把小麦粉筛两遍。

2 鸡蛋打开，加入牛奶、2 大勺白糖、洋酒和香草精，加小麦粉搅拌后放置一会儿。

3 柠檬皮仅留黄色部分，切成细丝后与剩余的白糖搅拌。

4 加热平底锅，均匀抹油，把 2 中备好的液体一勺一勺舀进锅中煎熟。卷成圆筒或者折成四折，上面撒上柠檬皮食用。（正宗做法是煎好可丽饼后倒入洋酒并点燃。可丽饼会像绉绸一样，被烧得微微皱起来。）

---

* 与现在加入黄油制作的可丽饼比起来口感略硬，感觉更有嚼劲。

闪耀金黄色的红薯

自古以来最受孩子们喜爱的红薯点心。其中，最值得珍藏的点心是"大学红薯"。

从果腹食物到品质食物

裹着黏稠的蜂蜜，闪耀着金黄色的红薯。表面香脆，里面热乎乎的。"大学红薯"是一种能够让人尝到秋天味道的温暖的点心……

这是以往的"大学红薯"给人留下的印象。2014年8月上旬，我在埼玉县川越市的"大学红薯·川越iwata"吃到的却是一道凉丝丝的点心。蜜汁干爽，甜度也不高。店长花俣准介绍说："从2013年开始，店里仅限夏季供应这道'冷制大学红薯'。在蜜汁基础上添加了葡萄柚汁，口感非常清爽。"

这家店铺是在2010年开业的。除了出售1930年其祖父创业以来的经典商品之外，还不断积极挑战新的口味。据带笔者到该店参观的日本大学红薯爱好者协会会长奥野靖子女士介绍，该店甚至会根据不同的天气和红薯状态调整煎炸方法。日本"大学红薯"爱好者协会成立于2012年，其成员都是"大学红薯"的爱好者。奥野女士几乎每星期都会走访各个"大学红薯"专卖店。目前，在关东地区共有约50家专卖店。奥野说："每家店都有其独特的炸法和对蜜汁的讲究。其味道的差异令人吃惊。这里面很有门道。"

◇

"大学红薯"是在大正至昭和期间出现的。关于其名称的由来说法不一，有的说是因为"曾在东京大学门前售卖"，也有的说是因为"神田附近的大学生爱吃"。《读卖新闻》曾于1965年介绍过"大学红薯"的食谱，该食谱入选《百年食谱》。

红薯制成的点心自古就有。《读卖新闻》自1917年刊载"红薯羊羹"之后，又陆续刊载了丸子、茶巾芋、甜薯条等。1927年还介绍了用香油炸过红薯后浇上麦芽糖这种与"大学红薯"相似的吃法。

据东京的一般财团法人"芋类振兴会"考证，红薯是在1600年前后，从中国被带到冲绳后，流传到萨摩藩等地的。这种作物耐光照，也不惧台风，因此为防备饥荒而在东日本地区得到普及，二战时和战后受增产政策鼓励进一步推广开来。

"芋类振兴会"理事长狩谷昭男说："人们的生活变得富裕后，就会追求除了烤、蒸以外花样更多的吃法。""大学红薯"就是一个具有代表性的范例。在大正时期，烤红薯店陆续转变成"大学红薯"店。评审委员会认为，"战后，红薯几乎都是蒸着吃。当人们的生活变得稍微富裕一些的时候，出现了'大学红薯'这种点心，当然会大受欢迎"。

◇

红薯的种类也有所增加。东京三越银座店内的芋类点心店"cadeau de CHAIMON"店长兼"芋类侍酒师"林宽告诉记者："现在有改良后用于制作糕点的红薯，总体而言，糖度越来越高。"红薯大体分为以"红东"为代表的很面很面的类型以及安纳芋那样甜度较高、黏黏的类型。林先生说："制作'大学红薯'推荐使用面面的类型。不过，尝试一下黏黏的新口感以及浓郁的甜味也很有趣。"

红薯从饱腹的食物已经发展成为品质食物。而将红薯提升为"最值得珍藏的点心"的"大学红薯"也必将进一步发展。

出售"冷制大学红薯"的花俣店长（右）与正在品尝的奥野女士（左）。

No.44

大学红薯

【一九六五年（昭和四十年）十月二十二日刊载】

材 料（4人份）

红薯…6个

A　白糖…1 杯
　　酱油…2 小勺
　　水…少许

炒黑芝麻…1 小勺

油…适量

做 法

1 红薯去除一层厚皮，切成不规则的长条状，或者切成较粗的椰子状，用水浸泡。

2 在中式炒菜锅内放油加热到 160 度左右，用布擦干红薯的水分后放入锅内，炸软至红薯稍微变色，用竹扦能够戳穿的程度。

3 用另一锅具将 A 所示调料混合煮 5 分钟左右制作麦芽糖。用筷子挑起糖汁，糖汁被挑起后变硬从中间折断为宜。放入刚炸好的红薯，稍微搅拌一下关火，撒上黑芝麻。

围坐铁板旁，乐享一家团聚

如今仍旧保有地域特性的御好烧。围坐铁板旁的交流最令人开心！

御好烧是点心还是正餐？

某天，新婚不久的妻子做了御好烧作为晚餐。丈夫看了很生气，说："怎么能把点心当晚饭呢？"妻子是关西人，丈夫是关东人。这是一则在大阪经常能听到的笑话。

大阪府吹田市"若竹学园御好烧教室"学园长佐竹真绫说："在关西地区，御好烧以前也被当作点心。而现在中午有搭配米饭的'御好烧套餐'，晚上则多和啤酒搭配。完全可以当作主食。"那么，不管御好烧是点心还是主食，怎样才能把它做得更好吃呢？佐竹学园长告诉了我们其中的诀窍。

正宗御好烧的基本特点是"外焦里嫩"。因此，需要在卷心菜水分没有流出之前把面糊迅速搅拌好，锁住里面的空气。

煎制时注意遵循"253法则"，即两次翻面前后的时间分配。

在面糊上铺上猪肉，煎大约2分钟，面糊边缘开始凝固时，是第一次翻面的时间。听到烤猪肉的声音时一般人都会急着翻面，这时候一定不要按压、不要拍打。到煎好为止总共需要10分钟左右。最后，蓬松的御好烧就完成了。真的是"外焦里嫩"，非常好吃。

◇

佐竹女士同时还兼任"日本御好烧协会"会长一职，该协会主要从事御好烧的调研工作。据称，御好烧曾作为点心店出售的"廉价西点"广受欢迎：把小麦粉做成的面糊薄薄地、均匀地平摊在铁板上，铺上卷心菜、红姜等食用。二战后，在粮食短缺时期结束后，随着人们生活水平的提高，开始在御好烧里添加猪肉、鸡蛋和墨鱼等食材。佐竹女士说："人们之所以认为大阪是御好烧的发源地，主要是因为大阪人对食材的改进。"

部分《百年食谱》评审委员称御好烧会让人回想起从前："上高中的时候只用70日元，就可以和小伙伴们一起吃得饱饱的。"

料理研究家滨内千波说："御好烧是一种非常符合科学理论的食品，卷心菜中的谷氨酸与猪肉中的肌苷酸相互合作使它变得更好吃。上面还可以考虑浇上番茄酱汁或者罗勒酱汁，挑战更具原创性的符合个人口味的做法。"

◇

因烹饪方便的电炉以及内含调味料更便于制作的御好烧混合粉的出现，御好烧在一般家庭中日益普及。1983年，日本最大规模的面粉公司日清制粉集团开始出售家庭用混合粉。其后，市场规模不断扩大，销售地区也从关西逐渐向东扩张。

另一方面，御好烧仍旧保留着比较鲜明的地域特征。广岛的做法和关西风格的"混合煎"不同，是"叠层煎"，就是把食材铺在薄薄的面糊上煎制，这使御好烧进一步进化。御好烧用酱汁产量最大的广岛市"大多福酱汁"公司，运营有一家"Wood Egg 御好烧馆"，在其中可以看到关于御好烧及酱汁历史的介绍。

馆长松本重训说："和家人及朋友一起制作御好烧，边做边聊，可以促进人们的交流。这才是这道菜的魅力所在。"

御好烧的口味虽然不断进化，然而，家人围绕着烹饪铁板团聚在一起的情景，从它作为廉价西点的往昔到如今，并没有改变。

"锁住里面的空气。"佐竹女士（左）在旁指导操作。

【一九八二年（昭和五十七年）一月二十六日刊载】

御好烧

材料（4人份）

猪肉（切碎）…100—150g

卷心菜…250g（4片多）

胡萝卜…70g（1/3根多）

香菇…2朵　青椒…1个

红姜…40g　干虾…2大勺

山药…100g　小麦粉…1杯

鸡蛋…1个

牛奶…（和上面的鸡蛋合起来）1杯

酒…2大勺　　盐…1/3小勺

胡椒…少许　沙拉油…用量见做法

辣酱油、番茄酱、沙拉酱、青海苔…

各适量

做法

1 卷心菜、胡萝卜、香菇、青椒、红姜全部切成细丝。

2 猪肉加酒稍微腌制一会儿，用半大勺沙拉油快速煸炒后取出。

3 小麦粉加鸡蛋和牛奶混合物以及磨碎的山药充分搅拌，用盐和胡椒调味。

4 在 3 调好的面糊中加入 1 备好的蔬菜、2 备好的猪肉，以及干虾进行混合。

5 在平底锅或铁板上倒入 2 大勺沙拉油加热，使用大勺一勺一勺舀入 4 备好的面糊，两面煎好。最后盛到盘中，撒上青海苔，添加辣酱油、番茄酱、沙拉酱等食用。

【一九一四年（大正三年）六月二十四日刊载】

替代吐司的简易面包

No.46 蒸糕

材料（约 50 个份）

小麦粉…1800cc

发酵粉（小苏打）…约 20g

A　黄油…1 大勺

　　水…适量

白糖、黄油…适量

做 法

1 小麦粉加发酵粉充分搅拌后，加入 A 所示黄油和水，揉成像粘鸟胶一样柔软的面团，然后分别团成直径 3cm 左右的小面团。

2 沾上扑面（分量外），上蒸笼蒸熟。外表看起来像包子一样具有乡野气息的吐司替代品就完成了。蘸白糖或黄油食用。

（使用同样的材料，可在揉成像粘鸟胶一样柔软的面团时，加入一个鸡蛋和白糖，再分成小块揉成圆团，然后压平，从中间挖空形成圆环状，沾扑面后油炸即成甜甜圈。）

★ 虽然口感略硬，但味道非常朴实。

【一九三四年（昭和九年）三月二十日刊载】

早春时在河堤摘来艾蒿制成

No.47 草饼

材料（约 80 个份）

艾蒿（生的）…近 190g

小苏打…少许

优质米粉…近 1900g

水…1350cc

白糖…近 190g

红豆馅…适量

做 法

1 艾蒿去除脏物后洗净，加入小苏打煮软。沥干水分，切碎。

2 优质米粉加水和白糖，揉合后入蒸笼加热。蒸熟后加入 1 备好的艾蒿混合揉搓，逐步用手揉成椭圆片状，加入另外备好的红豆馅后对折，用手指把边缘捏紧。

★ 可使用市面上销售的豆馅。味道富有野趣。据说古代是使用鼠曲草制作草饼。

No.48

饼干

十六世纪通过
南洋贸易传入的点心

【一九二七年（昭和二年）八月二日刊载】

材 料（约 50 个份）

白糖…450g

黄油…225g

鸡蛋…3 个

牛奶…180cc

小麦粉…860g

发酵粉…1 小勺（盛满）

葡萄干…110g

做法

1 把白糖和黄油放在容器中混合搅拌约 5 分钟至白糖溶化，然后打入鸡蛋，再加入牛奶混合搅拌。

2 把发酵粉与小麦粉混合后，加入 **1** 的容器内，把葡萄干也一起放入搅拌。搅匀后，将面团取出放到砧板上，切分为每个不足 40g 的小块，分别揉成面团。

3 用刷子在面团上涂一层蛋液（分量外），放进 300 度左右的烤炉内焙烤。时间约需 15 分钟。焙烤时可依个人喜好，在面团上点缀花生等。

* 试做时按食谱标注，用 300 度高温焙烤，结果饼干烤焦了。根据不同烤炉的情况，用 200 度烤 15 分钟也可以。成品酥脆，香甜可口。

No.49

薄煎饼

浇上糖蜜食用

【一九二九年（昭和四年）十一月二十五日刊载】

材 料（3—4 人份）

鸡蛋…2 个

小麦粉…近 190g

白糖…2 大勺

发酵粉…1 小勺

牛奶…180cc

黄油…适量

糖蜜（＊标示制作方法）…适量

做 法

1 打鸡蛋，充分搅拌出丰富的泡沫。在盆内放入小麦粉、白糖、发酵粉和牛奶混合后，加入打出泡沫的鸡蛋，一起搅拌混合。

2 平底锅锅底涂黄油加热，把 **1** 备好的面糊每次舀出 2 大勺摊平成圆形，出现烤色后翻面，另一面稍微煎一下。

3 制作 2 张同样的薄煎饼，让颜色较浅的一面朝内，中间夹少许黄油，最后浇上糖蜜。用果子露代替糖蜜也很好吃。

* 糖蜜使用白糖和水熬制而成。薄煎饼小小的，有一种很朴素的味道。

【一九六五年（昭和四十年）十月十二日刊载】

昔日风格的爽口甜点

No.50

水果汤圆

材 料（4人份）

糯米粉…3杯

水…1杯半

薄荷甜酒（绿色的薄荷洋酒）…1大勺（如果没有就用1小勺食品用红色素）

橘子罐头（小）…1罐（把罐头汁留好备用）

菠萝（罐头）…3块

樱桃（罐头）…8个

白糖…1杯

做 法

1 2杯糯米粉加1杯水搅拌，揉成像耳垂一样柔软的面团，搓成小丸子。把做好的丸子放入沸水中煮，待丸子浮到水面，捞出放入凉水中。剩下的1杯糯米粉加薄荷甜酒和半杯水搅拌，同样做成丸子煮熟，捞出后放入凉水中，待冷却后沥干水分。

2 玻璃盘中分别放入平均分配的汤圆、橘子、切成小块的菠萝以及樱桃。

3 在罐头汁中加入白糖，倒入玻璃盘中，冷却后食用。

---

* 据说水果罐头是在明治时期普及的。这是一道橘子罐头汁调成的甜果子露与自古就有的糯米汤团组合而成的爽口甜点。也可适当减少白糖用量。

第四章

不愿遗失的味道

　　随着时代的变迁，有些菜肴因原料不易得或制作烦琐而被敬而远之，如今已经很难在餐桌上看到它们的踪影。希望我们不要丢失那些能够反映不同时代背景的珍贵味道。

运用"比兴"命名的饮食文化

菜肴名称里蕴含着俏皮的玩心和不为人知的历史。从食物解密日本文化。

探索名称的由来

1935 年（昭和 10 年）出版的《读卖新闻》刊载了一个名为"镰仓拌菜"的食谱，其实就是鱼肉和海苔的拌菜。镰仓渔业工会（神奈川）的前工会主席三留和男摇摇头说："在当地完全没有听说过这道菜。"

部分烹饪书籍猜测这是因为镰仓以前是海苔产地，但实际上，镰仓是从 20 世纪 60 年代才开始盛行养殖海苔的。后来因为亏损，最后一家养殖户也于大约二十年前倒闭。

既然镰仓并非海苔的知名产地，那么这道菜为何会被冠以镰仓之名呢？据大田区立乡土博物馆（东京）从事海苔研究的藤冢悦司研究员推测："历史记录表明，源赖朝曾将伊豆的海苔敬献给朝廷。在古代，镰仓可能汇聚了从各地运来的海苔。"

虽然海苔常被人们当成礼物相互赠答，但据"JF全渔连"（日本全国渔业协同组合联合会）透露，海苔的国内生产量在 20 世纪 90 年代达到峰值后呈减少趋势。现在以供应便利店制作饭团等业务需求为主，家庭中使用的频率有所减少。

"镰仓拌菜"中使用的小金枪鱼就是蓝鳍金枪鱼的幼鱼，近年来也面临着资源枯竭的困境。

◇

运用"比兴"，把食物比作其他物体命名也是日本料理的精粹之一。1936 年刊载的"竹刷茄子"，就是把切出一条条刀痕的茄子比作茶道中使用的圆筒竹刷。而切花的魔芋翻卷一下，就成了"缰绳魔芋"。只需费些功夫，就能使食材看起来更美，而且更易入味。

同时，因奈良县吉野地区作为葛粉产地名声在外，人们常将使用了葛粉及其代用品淀粉的菜肴冠以"吉野"之名。

国士馆大学教授原田信男对日本生活文化史有深入研究，他说："像油炸豆腐一样，始于镰仓时代的素菜也有比兴命名手法的运用。而真正讲究的菜肴名称是在江户时代后期，从烹饪书籍流传开的。"例如，颜色与红叶近似的菜肴被冠以取自谣曲的"龙田"②等，烹饪书籍中能够看到这类具有玩心的名字。饭馆成为文化人聚会的沙龙，"人们相互交谈，享受食物的乐趣"。

而在单人就餐日益成为普遍现象的今天，希望人们能通过这些讲究的菜肴重拾餐桌交流的乐趣。

---

①がんもどき，意为"仿雁肉"，据说因口感像雁肉而得名。（译注）
②能剧谣曲《龙田》描写旅僧前往龙田神社参拜，遇龙田姬显灵讲述明神缘起并随红叶起舞升天。故事发生地龙田川两岸红叶非常著名。有以酱油裹淀粉煎炸呈红色的食物被命名为"龙田炸"。（译注）

材 料（4 人份）

小金枪鱼…380g

海苔…3 张

山葵…1 根

味精…少许

味醂…少许

酱油…少许

〔一九三五年（昭和十年）一月二十五日刊载〕

小金枪鱼镰仓拌菜

做 法

1 小金枪鱼切成适合入口的块状。（使用擦干净水分的砧板切块。）

2 海苔用火烤后揉碎，加入少许味精、5 滴味醂、3—4 滴酱油调好备用。

3 山葵研磨成泥。

4 在金枪鱼块中加入极少量味精和酱油，用山葵泥混合搅拌后，撒上 2 备好的海苔食用。

材 料（5 人份）

小茄子…5 个	A	调味汁…适量
魔芋…1 块		酱油…适量
鸡肉…75g		白糖…适量
淀粉…适量	B	味醂…适量
油…适量		酱油…适量

〔一九三六年（昭和十一年）七月三日刊载〕

竹刷茄子・缰绳魔芋・吉野鸡块

做 法

1 茄子留轴去蒂，用刀竖着切出多道刀痕，调整成竹刷状，下锅焯水。然后加入到 A 所示调料中煮熟，注意不要破坏茄子的形状。

2 魔芋从中央横剖成两半，从横断面把魔芋切成厚约 6mm 的薄片，在魔芋片中间用刀划出开口，把窄端从开口中穿过后拉直，形成缰绳形状。先用水焯一下，然后用 A 煮入味。

3 鸡肉切成薄块，在 B 所示调料中浸泡一会儿，裹上淀粉，下锅用油炸成金黄色。盛到深盘中。

★ 原食谱中没有标注用量。试做时边尝味边调整调料用量。

【一九一五年（大正四年）十一月四日刊载】

以平安时代的僧侣命名

No.53
空也豆腐

材料（1人份）

豆腐…1/4 块

鸡蛋…1 个

A　调味汁…20cc

　　味醂…半小勺

　　酱油…半小勺

B　葛根粉…半大勺

　　水…2 大勺

姜汁…半小勺

做 法

1 豆腐切成四方形，放入碗中。

2 把鸡蛋磕开，加入 A 所示调料。

3 把 2 备好的蛋液浇在碗中的豆腐上，然后放入蒸笼蒸。

4 把 B 所示葛根粉和水混合后用火加热，制成稀葛根汤。

5 待 3 准备的食材凝固后，从蒸笼中取出，浇上 4 备好的稀葛根汤，上面再点上姜汁即可。

★ 据说这道菜系空也派僧侣原创，因而得名"空也豆腐"。这道菜肴无论是外形还是味道均为佳品，也叫"空也蒸"。除此之外，在日本料理中，还有因千利休而得名的"利休煮"和"利休炸"等被冠以人名的菜肴。

【一九一六年（大正五年）一月七日刊载】

煮好后的颜色近似樱花

No.54
章鱼樱花煮

材料（易于制作的分量）

生章鱼…1 只（只用章鱼腿）

盐…少许

粗茶…90cc

酒…40cc

白糖…70g

酱油…1—2 大勺

做 法

1 手中放盐揉搓章鱼去除黏液。把章鱼腿切成长 3cm 左右的小段。锅内放入炖煮用的笊篱，倒入熬煮出味道的粗茶。

2 章鱼煮 20 分钟左右，加入酒、白糖，一直煮到汁液明显减少，接下来加入酱油煮 5 分钟左右关火。（需要注意的是，若加入酱油后熬煮时间过长会导致章鱼肉质变硬。）

★ 根据章鱼大小，可调节粗茶和调料用量。炖煮用的笊篱是为防止章鱼烧煳而使用的，没有也不影响菜肴的制作。

No.55 红烧芋茎胡萝卜

使用芋茎制作的炖菜

〔一九一六年（大正五年）一月二十九日刊载〕

材 料（4—5 人份）

芋茎…30g

胡萝卜…1/4 根

A　调味汁…半杯

　　酒…1 大勺

　　白糖…1 大勺

　　酱油…近 1 大勺

鲣鱼干…少许

做 法

1 芋茎用水洗净，焯水后切成 3cm 左右的长条。胡萝卜切成长 3cm 左右、底边宽 6mm 左右的方柱形（梆子状），下水焯一下。

2 用 A 所示调料炖煮 1 备好的芋茎和胡萝卜，关火前加入鲣鱼干即成。

★ 因原食谱中未标注用量，故按试做时用量标注。芋茎是晾干的芋头茎秆。需要用水泡发后下水焯一下去除涩味。常被用于炖菜和醋拌凉菜。

No.56 压制鸡蛋

也被称为『水煮蛋』

〔一九一六年（大正五年）五月四日刊载〕

材 料（2 人份）

鸡蛋…3 个

调味汁…1 大勺

盐…少许

白萝卜泥…适量

做 法

1 鸡蛋磕开倒入锅中充分搅拌，加入调味汁和盐，开火，像制作炒鸡蛋一样把鸡蛋炒熟。

2 待鸡蛋即将凝固时，关火盛出，趁热使用揾布包好，从上面用重物压平，关 5—6 分钟。成型后切成适当大小，佐以白萝卜泥食用。也可将其用作汤料。

★压制鸡蛋也叫"水煮蛋"，本来是把搅开的鸡蛋倒入沸水中，待即将凝固时捞出，用揾布或卷帘使其成型的。食谱中介绍的做法虽然有些不易成型，但制作起来比较简单。

【一九二〇年（大正九年）六月二十五日刊载】

用在用
刚海刚
捕上捕
获即获
的刻的
鱼制鱼
作
而
成

No.57

海上醋拌竹筴鱼丝

材 料（4人份）

竹筴鱼…2条

野姜…2块

绿紫苏…4片

盐…适量

豆酱…60g

A　醋…2大勺

　　白糖…2大勺

做 法

1 竹筴鱼去除菱鳞后剖成3片，用适量醋（分量外）腌制一下。然后去掉鱼皮和小鱼刺，切成细丝。

2 把野姜和绿紫苏切成碎末，用盐揉搓后过水，然后绞干，用适量醋（分量外）腌制备用。

3 在用筛网过滤后的豆酱中加入A所示调料进行稀释。把1中备好的鱼和2中备好的蔬菜末沥干水分，与稀释后的豆酱一起搅拌混合。之前从酱中滤出的豆也加入一起搅拌。

* 生姜的味道非常爽口。

No.58

【一九三五年（昭和十年）八月七日刊载】

具有清凉感的刺身

小鲈鱼刺身

材料（5人份）

鲈鱼幼鱼…3条

黄瓜…1根

生姜…1块

做 法

1 鲈鱼幼鱼剖成 3 片，制成生鱼片。（必须使用极新鲜的活鱼。需要注意的是，水量不能过多，不然鱼片就没味道了。鱼死后即将变硬时淋一两遍水为宜。）

2 黄瓜切成极细的丝与鱼片搭配。生姜磨成泥放入盘中佐餐。

★ 这种使用冷水激生鱼制作而成的刺身，鱼肉更紧致，而且去除了鱼肉中的脂肪，多见于夏季的刺身制作。

No.59

【一九三七年（昭和十二年）四月二日刊载】

酱烤海鲜

香鱼和竹筴鱼也很美味

青花鱼田乐

材料（5人份）

青花鱼…5块

黄酱…多于 110g

白糖…1 大勺（盛满）

调味汁…适量

姜汁…少许

大葱…少许

做 法

1 青花鱼撒盐（分量外）腌制一会儿，然后穿在扦子上烤熟。大葱切成碎末。

2 黄酱中加糖，用调味汁稀释后，置于炉火上熬煮，加入姜汁和葱末。

3 将 1 中备好的青花鱼趁热涂上 2 中备好的黄酱即成。

★ 这种酱烤鱼是把小鱼或鱼块串在扦子上烤制而成的。黄酱既可以在烤制过程中涂抹也可以在烤后涂抹。酱烤手法原本专用于烤豆腐（豆腐田乐），从江户时代起，食材扩展到蔬菜和海鲜类。

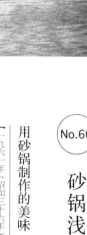

No.60

砂锅浅儿烧

【一九六一年（昭和三十六年）十月二十日刊载】

用砂锅制作的美味

材料（5人份）

鸡蛋…5个

鸡肉…200g

百合…1个

A　调味汁…$1\frac{1}{4}$ 杯

　　味酥…1 大勺

　　盐…近 1 小勺

　　酱油…少许

醋…1 大勺

油…少许

鸭儿芹…少许

做法

1 鸡蛋磕开，用 A 所示调料调味。

2 鸡肉切成适合入口大小。百合一片片剥开，放到加醋的沸水中煮 4—5 分钟后过冷水。

3 把百合放入调味后的鸡蛋中，倒进抹油的平底锅或砂锅内，用小火加热 12—13 分钟。切碎的鸭儿芹在起锅前撒到菜肴表面上。

★ "砂锅浅儿"本来是指比较浅的砂锅。但因砂锅浅儿比较吸水，所以本食谱中建议使用平底锅或砂锅。最好在制作时盖上锅盖。

第五章

故乡的味道

  如今，日本各地仍然保留着极具个性的饮食文化，反映出当地的特产及社会状况。本章介绍在各地长期受到人们喜爱的"乡土料理"。

孕育出丰富多彩饮食文化的日本风土

乡土料理分为三种

在日本，北至北海道，南至冲绳，气候各不相同，丰富的自然环境为人们带来了多样的食材。

圣母清心女子大学名誉教授今田节子（烹饪学）女士多年来从事地方饮食文化的研究工作，她说："不同地域的气候与风土孕育出丰富多彩的乡土料理，这是日本的饮食特征。各地都流传着能够充分发挥原料本来味道的烹饪方法和关于保存的智慧。"

今田认为，根据食材产地和烹饪的发展形态，可以将乡土料理分为三种。

第一种是使用当地特产制作，逐步形成相应烹饪方法的。例如，把竹叶巴浪鱼浸泡在蘸汁中的干货"咸圆鲹鱼干"（东京），以及把寿司饭等食材重叠多层压制的"岩国寿司"（山口）等。多在值得庆祝的日子或者作为活动餐出现在餐桌上。

第二种是使用在很多地区都有生产、易获取的食材，到某个时期之前一直沿用同一种做法，然而后来发展出自己的烹饪方法的。例如，把小麦粉和成面团，拉长后揪成小片，和蔬菜以及鸡肉一起炖煮而成的"手揪面片汤"（岩手），以及用多种蔬菜炖煮而成的"青菜炸豆腐汤"（新潟）等。

第三种是使用非本地区物产作为食材的情况。如海产品被运到内陆，随之产生不同的烹饪方法。在京都，使用海鲜干货烹饪的名菜，就有使用干鳕鱼和芋头的炖菜以及使用鲱鱼肉干制作的鲱鱼荞麦面等。

在家庭中的传承

这些乡土料理原本大多是在家庭内得以传承的。1961年，《读卖新闻》家庭版的《乡土味觉》专栏，通过向读者征集"即将被遗忘的乡土料理和我家的餐桌"，一共刊载了大约40期。1972年的专栏《这里的这样菜》也分大约50期介绍了"由外婆传给母亲、母亲传给女儿"的乡土料理。

然而，随着经济的发展，人们的食物日趋多样化，这些乡土料理出现在餐桌上的机会也越来越少。

今田女士指出："以前那些作为地方特产的食材如今也能很容易地获取，但人们对具有地方特色的乡土料理的意识却越来越薄弱了。"

重新评价的时机

乡土料理的传承主体也发生了很大变化，从家庭转为学校教育、地区交流机构以及媒体等。目前，为促进地区经济发展，一些附设直销店的餐厅开始提供乡土料理，或者把乡土料理改成现代风格进行推广。

对乡土料理有深入研究的饮食文化研究家向笠千惠子说："和食于 2013 年被联合国教科文组织列入非物质文化遗产，受此影响，各地都迎来了重新评价乡土料理的好时机。在地方城镇日益萧条的背景下，我们可以通过对乡土料理的重新评价来加强地域羁绊，让远离出生地的人们能够重新思考自己与故乡之间的关联。"

乡土料理的分类（根据今田女士的发言整理）

●使用当地特产发展起来的
·鲣鱼加盐寿司（高知，左图）
·烤羊肉（北海道）
·煎饼汤（青森）
·鮟鱇料理（茨城）
·咸圆鲹鱼干（东京）
·炸虾寿司（石川）
·手捏寿司（三重）
·生蚝砂锅（广岛）
·岩国寿司（山口）
·炒苦瓜（冲绳）

●使用一般食材，制法有地域特色
·手擀宽面（群马，左图）
·手揪面片汤（岩手）
·烤米棒锅（秋田）
·鲑鱼黄豆粥（栃木）
·青菜炸豆腐汤（新潟）
·宝刀面（山梨）
·手抻面条汤（大分）
·凉汤（宫崎）

●使用其他产地的食材发展起来的
·柿叶寿司（奈良，左图）
·芋棒（京都）
·鲱鱼荞麦面（京都）

●近年来备受瞩目的
·盛冈冷面（岩手，左图）
·宇都宫饺子（栃木）
·广岛式牛肉火锅（广岛）
·南蛮鸡（宫崎）

长寿县冲绳的传统料理

苦瓜是原产于亚洲热带地区的植物。因 NHK 电视剧《水姑娘》而成为日本全国普及的蔬菜。

营养均衡，做法简单

"不要切太厚，不然吃起来会感觉比较苦。"

2014 年 10 月初，家住冲绳县名护市的座喜味务和借宿在自己家中的从神奈川县来修学旅行的学生们一起制作晚餐。他亲切地告诫正用不熟练的手法切苦瓜的高中男生要注意苦瓜片的厚度。

他们做的菜就是冲绳的炒苦瓜。使用苦瓜、煮熟的猪肉、岛豆腐等食材加 1 人份的盐 1g、鲣鱼调味汁 1 大勺翻炒而成。这是座喜味先生为教授冲绳传统料理的烹饪讲习会提供的减盐食谱。

座喜味说："这道菜中的汤汁提味效果明显，盐分少，味道正。"这道菜也受到了学生们的欢迎，他们纷纷表示"虽然有点苦但很好吃"。最后，盘中的炒苦瓜都被吃光了。

那霸市松本烹饪学院的松本嘉代子院长对冲绳料理有深入的研究。她对炒苦瓜这道菜赞不绝口："炒苦瓜营养均衡，而且做法简单，是一道经济型的菜肴。"她强调，"这道菜使用的猪肉需要提前煮一下去掉多余脂肪。并且在调味方面，仅使用少量盐，是味道比较清淡的菜肴。"

苦瓜原产于亚洲的热带地区。15 世纪前半期传入冲绳。同时，关于炒杂合菜的历史则存在几种说法，有的说它是在进入大正时期之后诞生的，也有的说是始于昭和时期。

1990 年，炒苦瓜首次出现在《读卖新闻》的版面上。《百年食谱》评审委员会对炒苦瓜的评价是"乡土料理新秀之代表"。该食谱中使用的食材只有苦瓜和豆腐。虽然这与还要使用猪肉和鸡蛋的冲绳当地做法不同，但味道相当朴素纯正。

如今，炒苦瓜已在全国普及。尤其是 2001 年播出的 NHK 晨间剧《水姑娘》中不断出现炒苦瓜，使

这道菜的知名度得到进一步提高。同时，也有越来越多的家庭在庭院中种植苦瓜作为"绿色窗帘"。苦瓜已成为人们触手可及的食物。

在冲绳本地，炒苦瓜的味道也发生了一些变化。二战结束后美国统治下流行的高脂肪文化渐渐退去，随着冲绳回归日本，当地又兴起了本土的食盐文化。近年来，出现了酱油炒苦瓜，以及使用含较多脂肪和盐分的肉罐头的制作方法。

不过，近来冲绳在都道府县平均寿命排行榜中的排名有所下降。因此，为了恢复长寿县的荣光，人们开始重新重视低盐分、多蔬菜的传统料理。

琉球大学主修公共卫生学的等等力英美副教授主持了名为"炒杂合菜研究"的研究项目，与管理营养师合作开发食谱，并通过在各地开设讲座等方式，在直销店介绍新食谱。座喜味的炒苦瓜食谱也是通过这个研究项目获得的。

等等力副教授说："在冲绳，家庭和地区的羁绊很深。我们希望把炒苦瓜这道菜作为多人一起用餐的'共食文化'的代表性菜肴传承下去。"

回家必吃的菜

国仲凉子
（生于那霸市）演员

"从小时候开始，几乎每天家里的餐桌上都会出现炒杂合菜。其中最常吃到的就是炒苦瓜。因为我父亲不喜欢苦味的东西，所以我家的炒苦瓜中会放很多洋葱来中和苦味。直到现在我每次回到家都会吃，那是一种让人安心的味道。到东京发展后我自己也会做，但不知道为什么，怎么也做不出母亲的那种味道。

在我出演的《水姑娘》中，摄影用的冲绳料理味道很好，我还曾因为在摄影开始之前偷吃挨过训。现在，很多人赞扬我通过这次演出把冲绳文化进一步普及到全国，我感到非常荣幸。"

No.61

炒苦瓜

【一九九〇年（平成二年）七月十三日刊载】

材 料（4 人份）

苦瓜…2 根
木棉豆腐…1 块
油…3 大勺
鲣鱼干…5—7g
盐…适量
酱油…2 大勺
酒…1 大勺

做 法

1 苦瓜竖切成两半，去除带籽的白色部分。切成 4—5mm 厚的薄片，撒入少许盐。

2 用振布把豆腐包裹起来，压上较轻的重物挤出水分，切成厚约 1cm、边长约 3cm 的方块。

3 在炒锅内加入 2 大勺油加热，把豆腐两面煎成黄色后取出。再加 1 大勺油，放入苦瓜翻炒，加入鲣鱼干。然后再把豆腐放入锅中继续翻炒，加少许盐、酱油和酒调味即成。

费工耗时的京之味

虾芋和干鳕鱼合炖出的京都风味。此次使用容易买到的芋头再现了该食谱。

集结了全国各地特产的都城独有风味

在京都名产之中，对不少人来说，仅闻其名、不知其味的大概就是"干鳕鱼炖芋头"了。

这是一道使用传统蔬菜虾芋和晒干的鳕鱼（干鳕鱼）制作而成的炖菜。从大正时期到昭和时期，《读卖新闻》家庭版都介绍了使用容易买到的芋头代替虾芋的相关食谱。《百年食谱》评审委员会评价认为其"具有历史感"，干鳕鱼炖芋头因此入选。

◇

为了品尝到正宗的口味，我来到了京都市。在位于市中心的锦市场内，每到年末，"干鳕鱼"都会出现在货架上。因为很多家庭制作年节菜时需要使用干鳕鱼，所以每到年末需求就会增加。我请售卖鱼虾干货的店铺"津乃弥"为我展示了干鳕鱼。

干鳕鱼长约 1m，硬得几乎能做榔头使用。头和内脏已经去除，扭曲的身体看起来怪怪的。村上保社长苦笑着说："我们常会被人问'这要怎么吃啊'。"据说，泡发干鳕鱼需要用冷水浸泡一星期。泡发完成后，鱼身的厚度会膨胀到原来的三倍左右，变得柔软而圆润，呈白色。村上社长说："泡发成功后炖煮时，会散发出一种无法用语言形容的香味。"

虾芋是芋头的一种，因条纹花样和形状与虾相似而得名。家住京都市伏见区的种植农户奥田房一介绍说："种植虾芋时需要把地里的土堆起来，在较高的地埂上栽种，不然就无法收获形状好看的虾芋。而且虾芋不耐干燥，种植起来非常费事。"为了使虾芋不致消失，京都市政府委托奥田从事种芋的保存工作。虾芋在静冈和大阪也有生产，其黏糯的口感与吉利的名字相得益彰，常被用作京都冬季料理的食材。

◇

位于京都圆山公园的"干鳕鱼炖芋头平野家正宗"的初代掌门人平野权太夫于江户中期在宫廷内服务时，使用九州产的唐芋和北前船运来的产于北海道的干鳕鱼一起炖煮，发明了"干鳕鱼炖芋头"。该店如今的老板娘北村明美说："这正可谓是集结了来自全国各地特产的都城独有的'融合风味'。"这道菜肴的做法代代单传，目前由第 15 代晋一先生继承。

把长期用惯的铜锅置于灶上，加入发好的干鳕鱼和虾芋慢慢地炖煮一昼夜。芋头像奶油一样嫩滑。既不会太甜也不会太咸，圆圆的没有棱角。明美介绍说："这道菜也被叫作夫妻煮。意思是两种极具个性的食材烩进一锅产生的美味。"

不吝工夫，假以时日方能圆满。干鳕鱼炖芋头堪称是精通人与人交往真谛的京都智慧的结晶。

每当新年临近时想吃的菜

市田宏美
（现居京都市）服饰评论家

"（干鳕鱼炖芋头）是每当天冷了，快到正月时就会想起的味道。我和母亲总是相约一起到位于圆山公园的店里去吃。

大块的虾芋和晒干的鳕鱼一起煮出的美味，乍看颜色朴素，充满乡土气。然而，夹起一块放入口中，虾芋就像豆馅一样嫩滑。虽然很清淡，但却非常入味。耗费很多工夫，需要精心制作，同时又能充分发挥食材本身的味道，这是一道极具京都地方特色的菜肴。"

No.62

【一九六五年（昭和四十年）十一月二十六日刊载】

干鳕鱼炖芋头

材料（4人份）

芋头…900g（12—13个）

干鳕鱼…150g

醋…少许

淘米水…适量

调味汁…5杯

A　白糖…4大勺

　　酒…1大勺

　　盐…1小勺

　　酱油…1大勺

柚子…少许

做法

1 芋头去皮，加醋和盐（分量外）焯水后把水倒出。用水洗净芋头表面的黏液。

2 干鳕鱼用淘米水浸泡一天后用清水洗净，切成适当大小的块状。

3 锅中倒入调味汁、**1** 中准备的芋头，以及 **2** 中准备的干鳕鱼，煮到汤汁只剩大约一半时，使用A中所示调料调味，调成小火继续煮，煮到汤汁只剩少许。

4 盛在盘中，把柚子磨碎撒在表面上。

---

* 用干鱿鱼替代干鳕鱼泡发，和芋头或者萝卜一起炖，会是另一种风味。

鲣鱼渔民引以为傲的味道

志摩名产混合寿司始于渔民在船上食用刚钓上来的鲣鱼。

一群人一起吃的渔民餐

9月下旬，我来到三重县志摩市，秋日阳光闪耀的英虞湾映入眼帘。三重县的鲣鱼渔获量在全国首屈一指，当地人最得意的鲣鱼料理就是"手捏寿司"。

井上雅平是传授志摩地区渔村文化的机构"海灯"（志摩市）的所长，他的父亲生前曾是鲣鱼渔夫。据井上介绍："附近一带的城镇是以鲣鱼渔业为支撑发展起来的。首先出现了市场，然后建起了加工厂。渔业丰收时便建起了民宅。"

渔夫们在船上生活。他们把刚刚钓上来的鲣鱼鱼肉切成薄片，和酱油一起加入带上船的醋饭中，用手捏着混合食用。据说这就是手捏寿司的起源。加醋是为使米饭长期存放。在当地，由于女性也要作为"海女"忙于渔业工作，因此家里通常制作不太耗费时间的饭菜。

滨口敏明也在当地长大，在鲣鱼渔船上工作了三十多年，直到几年前才离开渔船。他说："我们在船上使用深1m左右的大桶做饭，用煤气灶煮米饭。在我待过的大型船上，以前有四五十人一起工作。每当想吃手捏寿司时大家就会一起做一起吃。"

《百年食谱》评审委员会认为："虽然寿司全国都有，但这种寿司的做法别有特色。"1994年刊载的食谱除了能让人感受到浸有酱油味道的鲣鱼的美味，还能品味到清爽的树芽，特别下饭。

据三重的乡土料理研究会"志摩矶笛会"会长石原幸子介绍，现在人们会在庆祝活动以及亲友聚会时制作这道菜。她说："乐趣在于大家聚在一起分享。因为是用大桶做，所以事先不确定人数也没关系。"除鲣鱼外，人们还经常会加入竹筴鱼、石鲈、鲥鱼、间八鱼等季节性鱼类。

◇

以前的制作方法是将鲣鱼肉放入饭中混合，现在则是在混合好的醋饭上摆上鱼片。为了让色彩更好看，还会加入鸡蛋丝、红姜以及绿紫苏叶等。

在三重县内各地，越来越多的餐馆开始提供手捏寿司。知名度上升的同时，人们自己制作食用的机会却有所减少。滨口分析说："熟知制作方法的渔民大多已经退休，渔民数量也减少了。"

如今，当地正在兴起手捏寿司的推广活动。经营餐厅的竹内康藏就是参与者之一。他自创了将鲣鱼、绿紫苏叶等手捏寿司的食材使用醋饭像汉堡包一样夹住的"手捏饭堡"，在2010年志摩市等主办的美食大会上荣获最高奖。这道菜在他开设的餐厅内也有提供。他说："为了让年轻人也有兴趣食用，我对手捏寿司进行了改良。希望能将自己孩童时代吃到的祖母的饭的味道传承下去。"

熟练处理鲣鱼的滨口。

甜咸口的酱油蘸汁很不错

山川丰
（生于鸟羽市）歌手

"我一年回家五六次，每次必吃手捏寿司，和伊势乌冬面搭配食用。我小时候，手捏寿司还没有普及到鸟羽，第一次吃到这道菜是在大约18岁的时候。感觉吃多少都不够，甜咸口的酱油蘸汁很不错。可能因为我的父母是渔民，所以我格外喜欢使用海鲜制作的料理。在县外工作时，每当听到别人说'手捏寿司很好吃'时我都特别高兴。欢迎大家到当地来品尝。"

（No.63）

【一九九四年（平成六年）五月二十七日刊載】

手捏寿司

材 料（4人份）

米…2 杯

鲣鱼（刺身用）…300g

酱油…1 大勺半

树芽…20 个

新生姜…10 块

熟白芝麻…2 大勺

A　醋…1/4 杯

　　白糖…1 大勺

　　盐…1 小勺多

做 法

1 把米淘洗干净加 2 杯水（分量外），浸泡 30 分钟后按日常方法做成米饭。

2 把 A 所示调料混合，用小火加热，待白糖溶解后均匀倒入刚做好的米饭中，用铲子以像切菜一样的动作混合均匀。

3 鲣鱼切成一口大小的片状，和切碎的树芽一起泡入酱油中腌制 10 分钟。

4 新生姜斜着切成薄片后再切成细丝。

5 待 **2** 中备好的米饭温度降至体温左右，加入姜丝和熟白芝麻混合，把 **3** 中准备的鲣鱼连腌汁一起倒入米饭中，用手沾水（分量外，用等量的醋和水混合）后轻轻搅拌即成。

茨城的冬季味道

鮟鱇鱼外形奇怪，据说连猫都不肯吃，被称为"猫不理"。
如今却成为与西部的河豚并称的美食。

所有部位均可食用的奇妙之鱼

如同被压扁一样的扁平身体，全长80cm左右。巨大的头和嘴，参差交错的牙齿看起来非常怪异。在位于茨城县大洗町的"aquaworld茨城县大洗水族馆"内，伏在水底的鮟鱇一动不动，静静地和水中的泥沙融为一体。这就是被用于代表茨城冬季味道的鮟鱇锅中的食材黄鮟鱇。

饲养员柴垣和弘介绍说："鮟鱇虽然长相可怕，但实际上非常敏感。"由于鮟鱇的身体表面没有鳞片，皮肤极易受到损伤。虽然以小鱼为食，"但在完全适应新环境之前，有时甚至连续几个月不肯进食"。鮟鱇生活在水深100—400m的海底附近。在茨城县近海使用拖网可以捕获，茨城县以外地区也有产出。在严寒时节，鮟鱇的肝脏会变得肥大而美味。

鮟鱇作为食材也很独特。大洗饭店厨师长青柳裕认为其原理"非常深奥"。鮟鱇外表布满黏液，滑溜溜的。放在案板上很难直接切开，需要用金属钩穿过其下颚吊起来以"吊切法"下刀。鮟鱇全身都是宝。鱼皮、鱼鳍、鱼鳃、鱼胃、卵巢、肝脏和鱼肉被称为"七器官"。其中肝脏尤为味美，被誉为"海中鹅肝"。

◇

入选《百年食谱》的鮟鱇锅也是使用"七器官"制作的。鮟鱇锅多为酱汤底，本次介绍的食谱使用的是酱油汤底。肝脏煮化后汤的味道更加浓郁。素淡的鱼肉、凝胶质丰富的鱼皮、充满弹性的鱼胃等，从一锅中人们可以品尝到不同的风味。评审委员会认为，除了火锅的味道之外，烹饪时大气豪放的"吊切法"也引人注目。

鮟鱇如今作为难得的美味与河豚并称为"东鮟鱇，西河豚"。而在以前，或许由于其外形可怖，曾被嘲笑为"猫不理"，意思是连爱吃鱼的猫都不

想吃，渔民只好带回家中自己食用。有一种叫作"共醋"的知名乡土料理，就是用煮熟的鮟鱇鱼肉拌鱼肝和醋酱汁。另外，常见的家常菜"沟汤"据说就是鮟鱇锅的原型。

青柳厨师长说："越是了解鮟鱇，越是倾向于采用沟汤的做法。它可以说是'极致的鮟鱇料理'。"鮟鱇水分含量较高，沟汤的做法是先把鱼肝干烧，然后加入味噌，再加入其他部位。这样，鱼肉中的水分渗出成为汤汁。沟汤比鮟鱇锅更费工夫，大洗饭店采取限量供应的方式，不少茨城县外的食客也慕名而来。

2014年，首届"全国鮟鱇论坛"在北茨城市召开，以茨城为中心，推广全国各地的鮟鱇料理。论坛共有约8000人到场。北茨城民宿工会主席、"数寄屋民宿·Yamanigousaku"的老板篠原裕治感慨道："以前人们觉得，谁会花钱吃鮟鱇那东西？如今它却成了产地最重要的旅游资源。"

鮟鱇的历史也如同鮟鱇锅的味道一样隽永深邃。

绝品"沟汤"

渡边裕之
（生于水户市）演员

"在高级酒家吃到的鮟鱇锅当然不错，但我最难忘的还是'沟汤'。大约三年前，在北茨城的民宿吃到的沟汤堪称一绝。鱼肝和味噌勾勒出深邃的味道，而且还含有丰富的胶原蛋白。我当时连热气腾腾的底料都用勺子舀到碗中吃得干干净净。而且吃完还想再吃。在吃饭前，我还观看了吊切现场。厨师从鮟鱇胃中取出了还没来得及消化的鲽鱼。虽然吊切场面比较刺激，但看着厨师在眼前对鱼进行解体也是一种特别的体验。希望能够再一次吃到这种特别的美味。"

No.64

鮟鱇锅

【一九一八年（大正七年）一月二十日刊载】

材料（便于制作的分量）

鮟鱇…1 袋

大葱…适量

烤豆腐…适量

鲣鱼干…适量

A　酱油…2 大勺半

　　味酥…3 大勺

　　调味汁…5 杯

做 法

1 在锅中将 A 所示调料混合，制作稀调味料。

2 把鮟鱇肉、皮、内脏类切成适当大小，大葱切成长约 1.5cm 的葱段，烤豆腐切成块状，放入 **1** 备好的锅内炖煮。最后在表面撒上鲣鱼干。

★ 原食谱没有标记调料用量，故按照试做时用量标记。鮟鱇使用的是提前切好的袋装商品。

北国的灵魂食品

烤羊肉是用铁板把羔羊肉或羊肉烤熟食用，是北海道的代表性名菜。

与北海道的牧羊历史一同发展

2014 年 9 月，来自北海道内各地的大约 200 名烤羊肉爱好者齐聚在札幌市内的啤酒花园，畅谈烤羊肉的历史和吃法。这是由 2013 年 6 月成立的"烤羊肉声援队"组织的活动。烤羊肉是用铁板把羔羊肉或羊肉烤熟食用的北海道地方菜。家住札幌的声援队负责人仓增充启介绍说："以前只要人们聚到一起就一定会吃烤羊肉，但最近因为大家嫌烤羊肉产生的烟太大，烤猪、牛肉日益流行，吃烤羊肉的机会不像以前那么多了。"

声援队共有队员约 6000 人，队员们会分享在各地吃烤羊肉的情况，还开设了面向儿童的烹饪教室。仓增强调："烤羊肉是我们的灵魂食品，必须将烤羊肉传承给子孙后代。"

烤羊肉的普及与北海道牧羊的历史相吻合。大正年间，为促进羊毛生产，在现在的泷川市和札幌市月寒地区建设了国家种羊养殖场，同时，人们开始尝试各种烹调方式，力求让羊肉变得更好吃。原泷川畜产试验场研究员高石启一对乡土史有深入研究，高石认为把羊肉在酱汁中腌制后烤熟的吃法是昭和初期在泷川一带普及的。"成吉思汗锅"这个名称也开始在当时的资料中出现。

据说烤羊肉起源于把羊肉烤熟食用的中国菜"烤羊肉"。在月寒地区，把生羊肉烤熟后蘸料食用的方式非常普及。高石认为，"假如没有羊毛生产的需求就不会出现烤羊肉这道菜"。

烤羊肉在 20 世纪 50 年代流行起来，作为家常菜开始被广大日本家庭接纳。创业于 1956 年（昭和 31 年）的食品公司"松尾"（泷川市）的顾问歌原清回顾道："当时，牛肉和猪肉价格贵，羊肉价格便宜。为去除羊肉特有的膻味，人们使用苹果和洋葱等当地食材开发了各种蘸料，不同家庭用的蘸料味道也各不相同。"

《百年食谱》评审委员会对这道菜的评价是："产生于近代，与地区发展的历史密切相关。"

2004 年前后，烤羊肉在东京也风靡一时。然而，这道菜中最关键的羊肉如今 99% 都是从澳大利亚等地进口的。因此，北海道的部分地区希望能够重振国内羊肉生产。在不断有农户放弃牧羊的背景下，"川西之丘静夫农场"（士别市）于 2006 年开始放牧羊群，饲养肉羊品种萨福克羊，同时也进行羊肉的加工和销售。2014 年，农场推出了用蘸汁腌制过的烤羊肉新产品。农场负责人今井裕表示，"希望把牧羊发展成为地区产业"。

家住札幌市的中岛康晴也在 2005 年开始养羊，2012 年终于实现了在札幌市内开设烤羊肉店的梦想。他说："在北海道的土地上吃草喝水长大的羊的肉带有北海道的味道。我希望能够借此保护好北海道的饮食文化。"这场希望把故乡风味传承下去的挑战才刚刚开始。

健康食品给我力量

原田雅彦（现居札幌市）
雪印牛奶滑雪部教练

"在长野冬季奥运会上获得跳台滑雪项目金牌后，大家用烤羊肉为我庆祝，我觉得真是太棒了！我出生在上川町，从小时候起就常吃蘸汁烧烤的烤羊肉。最后再煮上一锅浸满肉汁的乌冬面，实在是太好吃了！参加工作之后，在札幌吃到的是烤后蘸汁的吃法，当时特别惊讶。现在两种都喜欢吃。另外，在去海水浴或者赏花的时候，大家也会用木炭烤肉吃。参加在名寄市举办的滑雪大会时也吃过烤羊肉。羊肉既健康又好吃，是我的力量源泉。"

No.65

［一九七八年（昭和五十三年）一月十五日刊载］

成吉思汗锅

材 料（4 人份）

羊肉（羔羊肉、羊肉）…400g

大葱…3—4 根　A　酱油…6 大勺

青椒…3 个　　　　　酒…3 大勺

香菇…8 朵　　　　　白糖…1 大勺

胡萝卜…1 根　　　　洋葱泥…2 大勺

卷心菜…1/4 个　　　蒜泥…一瓣量

洋葱…1 个　　　　　生姜泥…2cm 一段量

京水菜…适量　　　　红辣椒粉…少许

肥猪肉…50g　　　　柠檬汁…半个量

黄油…适量　　　　　苹果（磨碎）…3 大勺

做 法

1 肉切成适宜大小。

2 大葱斜切成 1cm 厚度，青椒去籽竖切成四半，香菇去蒂用湿布擦干净，大个的斜削成两半。胡萝卜斜切成 5mm 厚片状焯水，注意不要煮烂。卷心菜切成边长 4—5cm 的方片，洋葱切成薄月牙形，京水菜切成 4cm 长的段。

3 把 A 所示调料在小锅中混合后开火，用小火煮 1 分钟左右，煮开后关火。

4 在 3 完成的调料中加入柠檬汁和磨碎的苹果，完成蘸汁的制作。从中分出少部分浇在羊肉上。

5 在火上架铁板放入肥猪肉熬出油后，把大葱放在铁板上翻动，待烤出香味后开始烤肉。可以按喜好烤蔬菜，不时放些黄油补充油量。羊肉烤熟后蘸余下的蘸汁食用。也可佐以白萝卜泥（分量外）。

* 京水菜并非烤羊肉的必用食材，没有也可以。加入了苹果泥的蘸汁有淡淡的甜味，特别适合与羊肉搭配食用。

【一九五七年（昭和三十二年）二月二十日刊载】

岩手的乡土料理

No.66

手揪面片汤

材 料（5人份）

小麦粉…5 杯

牛肉（牛肉片）…110g 多

白萝卜…10cm　胡萝卜…半根

芋头…5 个　　菠菜…半把

油…3 大勺　　调味汁…适量

A　盐…1 小勺

　　酱油…2 大勺

　　味精…少许

做 法

1 在小麦粉中加入相当于粉量 1/4 的温水（分量外）和成面团，盖上湿布醒面大约 30 分钟。

2 白萝卜、胡萝卜切成银杏叶形，菠菜稍微焯一下水后切成 2cm 长，芋头切成圆形薄片。

3 牛肉、白萝卜、胡萝卜和芋头加油翻炒，然后倒入调味汁炖煮。煮好后加入 A 所示调料进行调味。

4 和好的面用手指抻薄，揪断后直接放入 **3** 的汤中。待面片全部浮出水面后，放入菠菜即成。

＊ 在不适合种植水稻的山区，自古以来盛行种植荞麦和小麦等农作物，人们以面食为主食。这道菜得名于制作时抻面、揪面的动作。因原食谱中未标注调味汁用量，试做时边品尝边进行了调整。

【一九六四年（昭和三十九年）二月五日刊载】

生蚝产量名列前茅的广岛的乡土料理

No.67

生蚝砂锅

材 料（5人份）

生蚝…500g　　大葱…5 根

白菜…1/4 棵　　茼蒿…1 把

烤豆腐…3 块　　柚子皮…适量

A　味噌…200g

　　酒…3 大勺

　　白糖…5 大勺

调味汁…3 杯

做 法

1 生蚝在盐水（分量外）中充分晃动洗净，然后沥干水分。

2 蔬菜分别洗净，切成适当大小。每块烤豆腐切成 6 小块备用。

3 把 A 所示调料放进小锅内，开火熬制。

4 在砂锅内侧抹上 **3** 熬好的味噌酱，置于火上。把调味汁倒进锅中，煮沸后加入喜欢的食材，味噌酱逐渐融化与调味汁相混合，菜更加入味。需趁热食用。根据个人喜好，可以把柚子皮磨碎后加入到味噌酱中，或者把柚子榨汁加入到调味汁中。

＊ 在江户时代，出现了把广岛养殖的生蚝用船运往大阪方向出售的"生蚝船"。船上还供应生蚝料理。

〔一九七四年（昭和四十九年）十一月十六日刊载〕

稻米产地秋田的代表性火锅

No.68 烤米棒锅

材 料（4 人份）

新米…3 杯	鸡肉…400g
大葱…2—3 根	牛蒡（细）…2 根
烤豆腐…1 块	魔芋…半块

香菇（或者灰树化菌）…8 朵

芹菜（或者韭菜）…1 把

调味汁…5 杯

水蘸汁（味噌 100g 加 1 杯调味汁煮开后过滤而成）…1 杯

盐…少许	酒…3—4 大勺

酱油、味醂、白糖…适量

做 法

1 在煮饭前 1 小时洗净大米，沥干水分。加入比大米体积多 1—1.5 倍的水蒸饭，约 10 分钟后加盐，用研磨棒将米粒磨成两半，趁未凉时把米粘在粗木扦子周围，烤至焦黄，斜切成适合入口的形状。也可以把米捏成小饭团，在铁网上烤熟。

2 将大葱表面烤焦后切成 4—5cm 的葱段。牛蒡去皮，斜切成葱段长度，焯水去除涩味。烤豆腐切成 8 小块，魔芋加盐揉搓后放入开水中烫熟，切成一口大小的块状。

3 锅内倒入调味汁，再加入水蘸汁后开火，加酒。酱油、味醂和白糖可按个人喜好口味添加。先放鸡肉、牛蒡和香菇等，边煮边撇去浮沫。最后放入烤米棒以及芹菜，食用时可按个人喜好佐以白萝卜泥或七味辣椒粉（分量外）。

* 关于"烤米棒"（kiritanpo）一词的出处说法不一。其中一种说法是因其形状类似"短穗枪"（tanpoyari）。

〔一九七九年（昭和五十四年）一月十一日刊载〕

源于博多的白汤火锅

No.69 仔鸡氽锅

材 料（4 人份）

仔鸡…1 只

水…10 杯

白萝卜…400g（不到半根）

胡萝卜…100g（半根）

香菇…5 朵

荷兰豆…30g（15 片）

酒…3 大勺

盐…少许

大葱…1/3 根

红叶泥、酸橙汁、酱油…适量

做 法

1 去除仔鸡内脏后剁成适口大小，洗净放入锅内，加水开火。

2 煮开后撇去浮沫，炖大约 50 分钟后，取出鸡肉，把炖汁用纱布过滤，保留汤汁备用。

3 白萝卜切成银杏叶形，胡萝卜切圆片或半月形焯水，香菇去蒂切伞状花刀。

4 锅中加入 2 中准备的鸡汤、煮好的鸡肉、白萝卜、胡萝卜、香菇以及荷兰豆，加酒和盐后置于火上加热。

5 制作佐料，把大葱切成细丝后过水，加入红叶泥，准备好用同等分量的酸橙汁和酱油制成的橙醋酱油。

【一九九〇年（平成二年）十二月九日刊载】

No.70

山梨县最具代表性的小麦粉料理

宝刀面

材料（4人份）

宝刀面（或者宽乌冬面）
（生）…400g

猪肉（五花肉薄片）…200g

油炸豆腐…2 片

干香菇…3 朵

白萝卜…200g（1/5 根）

胡萝卜…70g（1/3 根多）

牛蒡…50g（1/4 根）

南瓜…200g（1/6 个）

大葱…1 根

小杂鱼干…30g

海带…20cm

味噌…70g

酱油…半大勺

做 法

1 小杂鱼干去除头和内脏后撕成两半。准备 8 杯水（分量外），把小杂鱼干和海带在水中浸泡 30 分钟以上。

2 猪肉在热水中稍微焯一下，切成长约 3cm 的肉片。油炸豆腐在热水中焯一下，先竖切成两半后，再横切成宽 1cm 左右的长条。

3 香菇用水泡发后，去蒂切成 5mm 宽条状。泡发香菇的水留下备用。

4 白萝卜以及胡萝卜去皮，切成厚约 5mm 的银杏叶状。牛蒡削皮后切成薄片。

5 南瓜切成 1.5cm 厚，大葱切成长约 1cm 的葱段。

6 把 **1** 中备好的食材置于火上，在煮沸之前把海带取出，再煮 2—3 分钟后过滤。把泡发香菇用的水也加入进去。

7 把 **6** 中备好的汤汁倒入炖锅中，加入 **2** 中备好的食材以及 **3** 准备的香菇、**4** 准备的食材一起炖煮。水开后撇去浮沫，用小火继续煮 5 分钟，然后放入南瓜和宝刀面，再煮 10 分钟。

8 最后把葱放入锅中，加味噌化开，咸味不够的话可以再加些酱油。

---

* 用味噌汤底炖煮生面条，面汤黏稠且不易变凉。关于"宝刀"（houtou）一词的起源众说纷纭，一说是源自平安时代文献中出现的使用小麦粉制作的食物"馎饦"（hakutaku）。

第六章

过节食品

在日本，自古以来，节气以及赏月等季节性仪式就根植于人们的生活当中。家庭中以及地方上的节庆聚会、聚餐也很常见。本章挖掘了这类传统节庆仪式上的餐饮食谱加以呈现。

年菜

从江户时代开始，人们就在正月里食用装在重箱中的鱼子、煮豆、沙丁鱼干……寄托人们对子孙兴旺以及丰收的期盼。

"年菜"的原型

日本最具代表性的过节食品可能就是年菜了。年菜（osechi）是在正月以及端午等节日（sechi）里制作的食物"御节供"（osechiku）的简称，如今专指正月的饭菜。

从 2010 年开始，日本料理店"八百善"的第 10 代经营者栗山善四郎每到年末都会开办年菜制作会。八百善在江户时代是将军都曾到访的高级饭馆，现在开设在神奈川县镰仓市。每到年末，栗山都会和徒弟以及亲友一起制作黑豆、鱼子等食品，而后大家会把食物装在各自的重箱中带回家。

八百善大约从四十年前开始从事年菜销售。与代代相传的朴素年菜不同，八百善的年菜还使用了龙虾、鲍鱼等高级食材。后来，随着市面上各类年菜的普及，除和食外，年菜的内容也呈现多样化趋势，出现了西餐、中餐等各类菜品。

栗山指出："那已经不能叫作年菜了。我们应该让年菜回归原点。"为此，他停止了年菜销售，转而把精力倾注在年菜制作会上。他说："年菜原本是家常菜。和食已经被列入世界非物质文化遗产。我们必须把手工制作的重要传统传承下去。"

《百年食谱》评审委员会选取的是"可以被称为年菜原型"的食谱。1916 年（大正 5 年）《读卖新闻》以"年菜"为标题介绍的炖菜以及 1954 年（昭和 29 年）刊载的酒肴。

和该食谱一样，有些资料也把炖菜称为年菜。例如，在记录东京地区风俗的 1901 年（明治 34 年）的《东京风俗志》中，就把含有胡萝卜和烤豆腐等的炖菜称为"年菜"，将其和鱼子以及煮豆一起装在重箱里赠予亲友。

在江户时代，人们正月里也是吃装在重箱里的鱼子、煮豆、沙丁鱼干和敲牛蒡等，其中蕴含着对子孙兴旺和丰收的期待。传统料理研究家奥村彪生认为："（年菜使用的）都是当时容易买到的便宜食材。传递着人们对子孙进行的朴素节俭、健康第一、努力工作等教导。"

节日庆祝活动也是亲友、邻里会聚一堂，共享美食的机会。奥村说："过节食品可以增进人与人之间的关系。在家里手工制作哪怕仅一道菜，也能够起到增进家人情感的作用，让它成为孩子们回忆中的味道。"他希望人们今后继续珍视能够丰富人们心灵的过节食品。

一九一六年（大正五年）十二月二十七日刊载

明治时期被称为『御节』

No.71

年菜

材 料

芋头…400g（5—6 个）

胡萝卜…100g（半根）

牛蒡…120g（半根）

沙丁鱼干…适量

烤豆腐…1 块

A　调味汁…2 杯

　　酒…3 大勺

　　白糖…2 大勺

　　酱油…3 大勺

做 法

1 芋头、胡萝卜、牛蒡分别去皮，切成适口大小。沙丁鱼干去除发苦的内脏部分。

2 把 A 所示调料混合后，倒入 1 准备的食材，炖煮至芋头充分入味。将烤豆腐切成适当大小的块状，放入另一口锅内，分别加入少量白糖、酱油和水（均为分量外）炖煮。烤豆腐入味后，关火，混合装盘即成。

---

* 原食谱未标示用量，故按试做时用量进行标记。

【一九五四年（昭和二十九年）十二月二十一日至二十四日刊载】

作为酒肴刊载

No.72

鱼子·黑豆·沙丁鱼干

〈鱼子〉材料

鱼子…适量

A　酱油…180cc
　　调味汁…90cc
　　酒…50cc
　　白糖…1 大勺

做 法

1 如果使用的是干鱼子，要用淘米水浸泡一星期到 10 天左右。注意每天逐渐添加少许淘米水。泡发后清洗干净，把水换成清水。

2 在开始制作前半天左右，把鱼子的薄皮去掉，切成一口大小，浸泡在用 A 所示调料煮沸并晾凉后的汤汁中。浸泡两三个小时就可以吃了，但浸泡半天更好。（如果泡一晚上的话，调料味就太浓了。）

★ 因酱油较多，味道较咸。注意浸泡时间不要过长。

〈黑豆〉材料

黑豆…3 合（540g）

白糖…380g

盐…1 小勺

酱油…90cc

做 法

1 黑豆用水清洗干净后加水浸泡一晚。

2 黑豆连同泡豆子的水一同倒入锅中，加水没过豆子表面，开火煮。水开后撇去浮沫，盖上锅盖，改成小火继续炖煮。水少后，分多次少量加水。大概花费几小时时间，直到黑豆煮软。

3 黑豆变软后加入白糖，再用小火煮一会儿，煮好后加盐和酱油混合搅拌，关火放置一晚即成。

〈沙丁鱼干〉材料

沙丁鱼干…380g

A　白糖…5 大勺（冒尖满勺）
　　酱油…$2\frac{1}{3}$ 大勺
　　酒…$1\frac{1}{5}$ 大勺

做 法

1 沙丁鱼干用砂锅浅儿或平底锅煎好备用。

2 用另外一个锅倒入 A 所示调料煮沸，待能拉出丝时加入 **1** 中备好的沙丁鱼干，关火，稍微搅拌一下即成。

【一九七三年（昭和四十八年）一月六日刊载】

在正月七日早晨熬制
以示庆祝

No.73

七草粥

材 料（4人份）

大米…1杯半

水…10杯

青菜（水芹、荠菜、鼠曲草、繁缕、宝盖草、芜菁、白萝卜）…适量

盐…半小勺

做 法

1 在煮饭前1小时把大米淘洗干净，沥干水分。

2 青菜加盐（分量外）轻轻搓揉后，冲洗干净，切成碎末。

3 砂锅内加米和水（大米的6—7倍为宜），加入一半盐用中火煮粥。待水沸腾后，调成小火，注意避免米汤溢出，煮大约1小时。在关火前，加入青菜和剩下的盐，关火闷5分钟即成。

* 七草粥可以让正月里因连日享用美味而疲劳的胃得到休息，堪称生活智慧。原食谱中提示，如果凑不齐七草，也可加入油菜、菠菜等青菜代替。

一九七八年（昭和五十三年）三月三日刊载

在女儿节那天和蛤蜊做成的『清鱼汤』搭配食用

No.74

什锦寿司饭

材料（4人份）

大米…3杯

鸡蛋…1个

冻豆腐…1块

胡萝卜…30g（1/6根）

藕…100g（2/3小节）

樱虾…20g

干香菇…4大朵

荷兰豆…8片

熟白芝麻…1大勺

海苔…1张

调味汁、醋、白糖、盐、味酥、酒、酱油…用量见做法

做法

1 大米和水按1∶2配比蒸熟后，加入使用3/5杯醋、$1\frac{1}{3}$大勺白糖、1小勺半盐、1小勺味酥调配的合醋汁，和熟芝麻一起搅拌好。

2 鸡蛋加少量盐和2小勺白糖后煎成薄片，然后切成3cm的长条。

3 樱虾加2大勺水（分量外）、酒和白糖各1大勺、酱油半大勺煮熟。

4 冻豆腐解冻后切成长条状，胡萝卜切成花形薄片，一起用1杯调味汁、2大勺半白糖、味酥和酱油各1大勺煮熟。

5 干香菇泡发后，加半杯调味汁、1大勺半酱油以及2大勺白糖煮熟后切成丝。藕去皮后切成薄片，过水后加3大勺水（分量外）、白糖和醋各2大勺、1/3小勺盐煮熟，浸泡在汤汁中。荷兰豆加盐煮熟后随便切一下。

6 把以上备好的食材沥干水分后，与寿司饭搅拌好盛到盘中，最后把切成细丝的海苔以及荷兰豆、鸡蛋撒在表面上。

★ 因为散放了虾和藕等寓意吉利的食材，因此该菜又叫"散寿司饭"。

No.75

槲叶年糕

端午节食品

【一九八〇年（昭和五十五年）五月四日刊载】

材 料（12 个份）

优质米粉…200g

红豆馅（市售）…240g

槲树叶…12 片

盐…1 撮

淀粉…1 大勺多

做 法

1 把干燥的槲树叶在沸水中煮 7—8 分钟，煮好后在水中浸泡一天去除涩味。取出红豆馅，放在锅中置于火上熬制，然后一小铲一小铲地盛出，摆放在拧干的搌布上晾干。豆馅晾凉后在搌布上揉成一团，使其硬度均等、表面光滑。把豆馅分成每个 20g 的小块，团成槲树叶形状。

2 在盆中倒入优质米粉，慢慢少量加水搅拌，大约共需使用 160cc（分量外）温水，最后把米粉揉成像耳垂一样硬度的米团。

3 在蒸锅内铺上拧干的搌布，把 **2** 中备好的米团分成小块摆在上面，用大火蒸约 25 分钟。

4 把 **3** 中蒸好的米团归拢到一起放入盆中，手上缠上湿搌布，趁热把米团捣成年糕状。要一边捣一边加盐以及用水稀释的淀粉，捣好后等分为 12 份。拿一份放在手中抻成椭圆片，把豆馅夹在中间，对折后封口。12 个重复同样操作。

5 在蒸锅内铺上湿搌布，把 **4** 中做好的年糕摆放在锅中，注意在每块年糕之间要留出一定距离，以防粘在一起。用大火蒸 7—8 分钟。蒸制过程中要把锅盖打开两次，放出蒸汽。

6 蒸好后，在年糕表面洒上凉水使其迅速冷却，去除水汽。擦掉槲树叶上的水汽，让叶子里面朝外把年糕包裹起来。

---

* 槲树新芽长出后旧叶飘落，是子孙兴旺的象征。槲叶年糕味道朴实无华。把米团捣成年糕状时如果觉得徒手捣太烫，可以使用研磨棒。

【一九一五年（大正四年）七月二十二日刊载】

古代就有在七夕食用素面的风俗

No.76

冷素面

材 料（2人份）

挂面…适量

汤汁（调味汁 3/4 杯、酱油 2 大勺半、味醂 1 大勺半混合煮沸）

生姜、绿紫苏、野姜…各适量

做 法

1 把挂面放入沸水中，用筷子搅动一圈，点三四次凉水煮熟。

2 在另一盆中盛水，把煮好的挂面捞出放进竹篓中，用筷子搅动，过两三次水，然后直接泡在水中备用。

3 制作汤汁。

4 把泡凉的挂面用笊篱捞出沥干水分，放到其他盘中食用。佐味用的蔬菜可以选择生姜泥或者切成细丝的绿紫苏和野姜。

★ 原菜谱中仅简单说明汤汁做得要比日常咸一些。该食谱用量是按试做时实际用量进行标注的。

【一九六六年（昭和四十一年）九月二十二日刊载】

八月十五供奉给月神的供品

No.77

披衣芋头

材 料（4人份）

芋头（小个）…12 个

A 甜味噌酱…半杯

白糖…1/3 杯

味醂…2 大勺

柚子…1 个

罂粟籽…2 小勺

做 法

1 芋头洗净，带皮蒸大约 20 分钟。

2 在 A 所示调料中，看情况加少量水（分量外）置于火上熬制。

3 在 2 熬制的调料中加入磨碎的柚子皮、柚子汁液以及罂粟籽粉末。

4 芋头佐以柚子味噌食用。罂粟籽也可用白芝麻代替。

★ 披衣芋头是指带皮蒸熟的小个芋头。芋头皮如同衣裳，因而得名。蒸的时候在中央切一刀，吃的时候就可以捏着芋头顶部把皮扒掉。

【一九三六年（昭和十一年）九月二十三日刊载】

春分和秋分的食物

No.78

三色牡丹饼

材 料（约40个份）

糯米…5合（约750g）

红小豆…360cc

黄豆粉…90cc

黑芝麻…90cc

盐、白糖…用量见做法

做 法

1 糯米洗净，用等量的水（分量外）加1小勺盐蒸熟。用研磨棒捣成近年糕状。

2 红小豆洗净煮软。煮好的红小豆放入臼中研碎，然后用滤网过滤，和水（分量外）一起装入布袋中拧干（这一步是为了去除涩味，水量适当即可）。把拧干的红小豆放入锅内，加7大勺白糖和1小勺盐炼制，然后放凉备用。

3 黑芝麻洗净后，倒在铺有搌布的笊篱上，晾干后炒熟。放到干燥的砧板上用刀剁碎，然后过筛，芝麻渣再次剁碎过筛，加入2大勺白糖和半小勺盐混合搅拌。

4 在黄豆粉中加2大勺（盛满）白糖和半小勺盐混合拌匀。

5 把熟糯米团成团后裹满2—4中备好的蘸料。

★ 也叫荻饼。因制作过程中，糯米无须像捣年糕那样捣碎，"听不到捣杵声"，还由谐音而产生了"北窗""夜船"等风雅名称[1]。在用糖和盐炼制红小豆的环节，也可加入适量水，用小火边搅拌边熬制。

---

①听不到捣声，即"搗き知らず"（不知不觉捣好了）；"北窗"，即"月知らず"（看不见月亮）；"夜船"，即"着き知らず"（不知不觉靠了岸），三者同音。（译注）

No.79

一九七六年（昭和五十一年）三月十九日刊载

从江户时代起
专为庆祝场合制作

红豆饭

材 料（4 人份）

糯米⋯4 杯

红小豆⋯2/5 杯

小苏打⋯1/4 小勺

熟黑芝麻⋯1 小勺

盐⋯少量

做 法

1 前一天晚上把糯米淘洗干净，用水浸泡备用。

2 红小豆加 3 倍量的水置于火上，煮沸 1—2 分钟后，加入小苏打煮出颜色。过滤出汤汁，把汤汁转移到大盆中。一边使用起泡器在汤汁中搅拌，一边用扇子加速其冷却，直到汁液变红。

3 把红小豆放入锅中，加水（分量外）到刚刚没过小豆，用小火炖煮。用手指捏一下，红小豆煮到稍软的程度即可。

4 把沥干水的糯米放进盆中，逐渐加入 2 中准备的汁液，充分搅拌上色。然后把红小豆也倒进来搅拌。

5 把混合后的糯米和红小豆平铺在蒸锅内，中央用手指按一下便于通气。用大火蒸。

6 大约 15 分钟后，分三次倒入 1 杯半水（分量外），继续再蒸 15 分钟左右。

7 最后盛在碗中，上面撒芝麻和盐搅拌后食用。

★ 红豆饭是用红小豆或豇豆煮出的汁液染色的。自古以来，人们都相信红色有驱邪的功效。

No.80

【一九七七年（昭和五十二年）十二月十六日刊载】

昭和初期作为圣诞节菜肴出现

烧鸡

材料（4人份）

仔鸡…1只（1—1.2kg）

盐…用量见做法

胡椒、酒、酱油…各适量

黄油…适量

有香味的蔬菜碎片…少许

高汤或热水…1杯以上

水溶玉米淀粉…少许

做法

1 仔鸡去除内脏，用水洗净，倒拌起来去除水汽。

2 从鸡背中间切开直到鸡脖，取出鸡脖内的骨头。在背部将两边的鸡翅连接起来，在鸡下腹部两侧各开一个小口，将鸡腿穿过去，把鸡摆出漂亮的形状。

3 在1大勺盐中混合胡椒，抹在鸡皮上以及掏空的腹中。然后再抹上化开的黄油。在烤盘中铺上准备好的蔬菜碎片（胡萝卜皮、芹菜叶、洋葱等的碎片），然后把仔鸡放在上面，加高汤或热水约1杯，放入预热成200度的烤箱内。让鸡胸朝上烤15分钟，然后把烤盘中的汤汁浇在鸡身上，横过来再烤10分钟，然后翻面再烤10分钟，最后背面朝上，温度调节成

150度再烤10—15分钟。如果烤制过程中汤汁变少，可以中途从烤箱中取出。

4 把烤盘中的汤汁滤出倒入锅内，开火加热。如味道比较浓郁，可以再加少许高汤中和，用酒、酱油、胡椒调味后，加入少许水溶玉米淀粉勾芡。将调汁浇到切好的烤鸡上。

★ 使用精肉店提前处理过的仔鸡更方便。原食谱中没有标注烤箱温度，仅注明要用"大火"。

第七章

招牌风味

汉堡肉、饺子、烤鱼。这些经常出现于日本家庭餐桌上备受欢迎的招牌菜，已经超越了和食、西餐和中餐的界限。本章主要回顾这些在日本独立发展生根的家庭中的"招牌风味"。

已经和食化的汉堡肉

明治时期只有西餐店供应的汉堡肉，在之后的各个时代，配合不同家庭的口味不断进化。

男女老幼都爱吃！

"一起做最棒的汉堡肉！"2014年秋，很多20—50岁的汉堡肉爱好者齐聚在东京都北区的一家咖啡馆内，反复调整、试吃如何通过改变牛肉和猪肉配比来制作更好吃的汉堡肉。

◇

主办该活动的是2013年10月成立的一般社团法人日本汉堡肉协会（东京）。据说，成立该协会的原因是："虽然汉堡肉和炸鸡块、拉面并称日本国民最爱吃的三种食物，但实际上人们对汉堡肉的关注度并不高。希望能够通过协会开展的活动进一步提高汉堡肉的热度。"如今，该协会约有700名会员。

"最棒的汉堡肉"活动诞生于2014年11月。整顿好咖啡馆的事务后，以"汉堡肉研究家"自居的榎本稔先生对该活动提供了很大支持。他用九成牛肉、一成猪肉制成混合肉馅，把面筋浸泡在牛奶中形成的糊状液体作为黏合食材，并加入炒熟的和生的两种洋葱末，比一般的汉堡肉更加重视口感。这种汉堡肉在榎本经营的店中有售。

据说，榎本至今已经创作了280种汉堡肉。他笑道："（汉堡肉传入日本后）人们尝试使用混合肉馅，并制作了酱油味酱汁等更具多样性的酱汁，汉堡肉发展得越来越适合日本人的口味。老人孩子都爱吃，我觉得已经可以把它归类为和食了。"

◇

关于汉堡肉是如何传入日本的，学术界没有定论。据说明治时期的西餐厅已经有汉堡肉出售。《读卖新闻》在二战前就刊载过汉堡肉的制作方法，20世纪50年代以后，更有各种各样的汉堡肉食谱见诸报端。其中，1978年刊载的食谱，堪称汉堡肉的基本做法。

◇

日本人餐桌的招牌菜包括和食、西餐和中餐等，种类丰富多样。其中，西餐和中餐已被调整为日本风味并固定下来。日本能率协会综合研究所主持的"从菜单看餐桌调查2013"显示，日本家庭中每月出现一次以上的菜单按出现次数排序分别为：（1）酱汤，（2）烤鱼，（3）蔬菜沙拉，（4）咖喱，（5）和风面类，（6）中华面类，（7）炒蛋、煎蛋，（8）炒蔬菜，（9）意大利面，（10）饺子。

◇

饮食文化研究家畑中三应子指出："在经济高速增长期内，全职主妇从报纸和杂志中学习新菜，希望在家中再现餐厅的味道，从而令家庭菜肴变得越来越丰富。"

如今，做菜的已经不仅仅是主妇。畑中说："做菜能让人们更加了解食材，度过愉快的时光。虽然可以选择下馆子或者吃速成食品，但同时也希望大家不要忘了自己做饭的快乐。"

榎本说："不同家庭、不同人的喜好不同，也是做汉堡肉的趣味所在。"

汉堡牛排

【一九七八年（昭和五十三年）五月十二日刊载】

材料（4人份）

牛肉馅…350g　洋葱…1个

黄油…1大勺　面包粉…半杯

牛奶…3大勺　鸡蛋…1个

盐…半小勺

胡椒、肉豆蔻…各少许

沙拉油…2大勺

番茄酱（做法在＊内标示），或者
使用辣酱油…适量

做 法

1 洋葱切成碎末，用黄油炒软。关火，加入面包粉和牛奶混合后放凉。

2 在牛肉馅中加入 **1** 中准备的食材、鸡蛋液、盐、胡椒、肉豆蔻混合搅拌。在手心薄薄地涂一层油（分量外）后团一个牛肉饼，像接球一样，从一手使劲地扔向另一手，借这种动作拔除肉馅中的空气。最后团成厚约 1.5cm 的长圆形，中间用手指插一孔透气。

3 在厚底平底锅内倒入沙拉油烧热后放上牛肉饼，开始用大火，然后调成中火加热，待肉烤出焦色后翻面，用小火继续加热。也可以盖上锅盖焖烤，按一下中央部位，如果感觉有弹性就做好了。

4 把牛肉饼盛在盘中，佐以番茄酱或辣酱油食用。

＊在煎完牛肉饼的平底锅内加入水煮番茄(罐装)和辣酱油，用铲子剁碎熬煮即成番茄酱。也可使用七成牛肉和三成猪肉配比的混合肉馅。

【一九五九年（昭和三十四年）七月二日刊载】

颜色亮丽的沙拉

No.82 西红柿黄瓜沙拉

材料（5人份）

西红柿…中等大小2个

黄瓜…大个2根

荷兰芹…适量

A（酸辣酱油）

　　沙拉油…4大勺

　　醋…2大勺

　　盐…1小勺

　　胡椒…少许

做法

1 西红柿先竖切成两半，然后再横切成5mm厚的薄片。

2 在碗中把A所示调料混合，制成酸辣酱油。

3 黄瓜切成薄片，撒上盐（分量外）放置一会儿后，轻轻搓揉并挤出水分。然后用少量酸辣酱油拌匀后备用。

4 把黄瓜放入盘中，在黄瓜周围一片摆一片摆上西红柿。黄瓜上撒上荷兰芹末。在端上餐桌前，把剩下的酸辣酱油洒在上面。

【二〇〇一年（平成十三年）九月七日刊载】

从没有生吃蔬菜习惯的二战前开始普及

No.83 土豆沙拉

材料（4人份）

土豆…3个（400g）

胡萝卜…半根　　黄瓜…1根

火腿…4片　　煮鸡蛋…2个

A（沙拉调料）

　　洋葱（切末）…1/4个

　　沙拉油…1大勺

　　醋…1大勺　白糖…1小勺

　　盐…半小勺　胡椒…少许

　　芥末（或者辣椒粉）…1小勺

沙拉酱…1/3杯

4 把3备好的食材放入2拌好的土豆中，加沙拉酱搅拌即成。

做法

1 土豆带皮洗净，用微波炉两面各加热4分钟。趁热剥皮，捣碎。

2 使用A制成的沙拉调料搅拌1中准备的土豆。

3 胡萝卜切成较厚的银杏叶形，煮熟。黄瓜切成薄片，加盐揉搓，放置一会儿后挤出水分。火腿切成长条，煮鸡蛋切成适口大小。

* 在古代日本，说起芋类一般是指红薯，土豆消费量是随着西餐的普及而逐步增长的。根据芋类振兴会数据显示，1968年（昭和43年），土豆的生产量已经超过了红薯。

【二〇〇八年（平成二十年）十一月二十六日刊载】

在日本独立发展起来的意大利面

No.84

配料丰富的那不勒斯面

材料（2人份）

香肠…3 根

青椒…4 个

洋葱…半个

水煮洋菇（不是蘑菇切片）…50g

西红柿…1 个

意大利面（1.8mm）…140g

沙拉油…1 大勺

番茄酱…4—5 大勺

奶酪粉…适量

盐、胡椒…少许

做 法

1 香肠斜切成 5mm 厚的片状，青椒先竖着切成两半，去蒂和籽后切成细丝，洋葱横切丝。

2 西红柿用沸水稍烫一下去皮，切成 1cm 见方的小块。洋菇竖切成两半。

3 锅里放 2 升水煮沸，加 1 大勺盐（分量外），按照说明把意大利面煮熟。

4 在平底锅内倒入沙拉油用中火加热，按顺序分别放入香肠、洋葱、青椒翻炒。

5 加入 2 准备的食材翻炒，然后加入 3 备好的意大利面，最后加番茄酱、盐和胡椒，迅速搅拌翻炒。

6 用盘子等分，按个人喜好加适量奶酪粉食用。

---

* 关于这道菜的起源众说纷纭。据说最初始于二战后，是横滨市 HOTEL NEW GRAND 的总厨师长从驻军军用餐中得到启发试做的。这个食谱因为加入了西红柿块，形成了一种非常新鲜的味道。

〔一九八四年（昭和五十九年）一月三十日刊载〕

受中餐『东坡肉』影响
发展而成

No.85

红烧肉

材料（4人份）

猪肉（五花肉）…400g

A　大葱、生姜（薄片）…各少许
　　水…2杯　　酒…3大勺

酱油…2大勺

白糖…近1大勺

西兰花…200g

B　调味汁…1杯　盐…半小勺多
　　白糖…2小勺半

辣椒酱…适量

4 西兰花掰成适合入口大小，在加盐（分量外）的沸水中煮熟后，泡在水中。锅内放B所示调料，煮沸后加入西兰花稍煮一下。关火前滴入少许酱油（分量外）。
5 将4的煮汁和西兰花分别冷却后混合。
6 把炖好的红烧肉盛在盘中，加辣椒酱，佐以西兰花食用。

做 法

1 猪肉切成5cm见方的块状，用沸水焯一下后洗净。
2 在厚实的锅内放入焯过的猪肉和A所示调料，置于火上。煮沸后撇去浮沫，用小火炖煮30分钟。
3 加酱油和白糖，继续用小火煮大约1小时。待基本收汁时关火。

---

* 江户时代在长崎诞生，博采中国菜及西餐之长而出现的一种圆桌料理。

〔一九九三年（平成五年）四月二十八日刊载〕

江户时代的文献中也有记载

No.86

煎饺

材料（4人份）

猪肉馅…150g

A　酒…1大勺　酱油…1大勺
　　盐…1/3小勺　香油…2小勺
　　胡椒…少许

卷心菜…150g（2—3片）

韭菜…20g（1/5把）

大葱…5cm　　大蒜…半瓣

生姜…1小段（约2cm长）

饺子皮…1袋（24张）

油…用量见做法

3 把馅放在饺子皮中间，半边饺子皮用手指抹上水，在另半边敛褶，同时把两半合在一起。

4 在平底锅内放2大勺油烧热，用大火煎饺子。为避免煎煳，不时摇动一下。

5 当饺子底部呈现漂亮的金黄色时，倒入高度为饺子1/3左右的热水（分量外），盖上锅盖。用大火蒸煮至水分耗干，最后从平底锅周边均匀倒入1/3大勺油，4—5秒后关火。

做 法

1 卷心菜焯水，拧干切碎。韭菜切碎，大葱和大蒜切成碎末，生姜去皮磨成泥。
2 把猪肉馅和A所示调料倒入盆内，充分搅拌直到肉馅变得黏稠。然后加入1备好的蔬菜，搅拌好，按饺子皮张数等分。

已成为夏季季语

No.87

四川凉面

材料（4人份）

生中华面…4团

A　盐…1小勺　　香油…1大勺

鸡蛋…2个　　　烤火腿…6片

叉烧肉…6片　　豆芽…150g

黄瓜…2根

B　高汤…1杯　　酱油…4大勺

　　醋…3大勺　　白糖…1大勺

　　香油…半大勺

　　盐…少许　　　辣椒酱…适量

做法

1 锅里放足量的热水煮沸，加入面搅开，煮3—4分钟。然后用笊篱捞出，用流水冲掉面表面的黏液，沥干水分。撒上A所示调料，预先调一下味，然后晾凉。

2 把B所示调料混合后放凉。

3 鸡蛋打散后加少许盐，摊成蛋饼。把蛋饼、烤火腿、叉烧肉分别切成宽约3mm的细丝。

4 豆芽煮熟，注意不要煮软，用笊篱捞出后晾凉。黄瓜斜刀切成薄片后再切成细丝。

5 把1备好的面装在冻凉的盘子中，在面条上摆上第3、4中准备的色彩鲜明的菜码，佐以辣椒酱。最后倒上2备好的浇汁，拌匀后食用。

家常菜中的中餐代表

No.88

八宝菜

材料（4人份）

墨鱼（躯干）…1只份

虾仁…50g

猪肉（里脊肉薄片）…150g

竹笋（煮笋）…100g

胡萝卜…半根　　黑木耳…5朵

白菜…2片　　　荷兰豆…50g

鹌鹑蛋…8个　　大蒜…1瓣

生姜…1小段（约2cm长）

A　高汤…1杯

　　白糖、盐…各1小勺

　　酱油、酒…各1大勺

淀粉、盐、油…用量见做法

做法

1 墨鱼剥皮展开，割网状花刀后切成长条。在热水中焯一下。

2 去掉虾仁背部的虾线后，涂抹少量淀粉备用。猪肉切成3—4cm长，撒少许盐。

3 竹笋、胡萝卜切成长条，黑木耳用水泡发后，切成2cm见方的小块。用斜刀把白菜削成小片。荷兰豆去筋后焯水。

4 鹌鹑蛋煮熟，在水中把壳去掉。大蒜、生姜切成碎末。

5 在中式炒锅内加入1大勺半油烧热，放入肉和虾仁炒熟后倒出。再加2大勺油，放蒜末和姜末炒香，加入除荷兰豆之外3中备好的食材翻炒。加入A所示调料煮沸后，倒入墨鱼、肉、虾仁、荷兰豆和鹌鹑蛋。把1大勺淀粉用2倍水溶解稀释，将水淀粉倒入锅中勾芡，关火。

【一九九一年（平成三年）十二月十日刊载】

No.89

因豆瓣酱普及而能制作出正宗味道

鱼香虾球

材 料（4人份）

虾（大个）…300g

酒…1大勺　　大葱…10cm

生姜…1小段（约2cm长）

大蒜…半瓣　　菠菜…1把

A　番茄酱…3大勺

　　酒…1大勺　酱油…1大勺

　　高汤…半杯

盐…少许　　　豆瓣酱…半大勺

淀粉…1小勺　　油…用量见做法

做 法

1 菠菜切成5cm长。虾切掉尾部，带壳划开背部，取出虾线后再划一刀。倒酒腌制备用。

2 把A所示调料混合到一起。大葱、生姜和大蒜切末备用。

3 在中式炒锅内加入煎炸用油加热至高温（约180度），擦掉虾身上的水分后一起放进锅内。炸虾时注意搅动，使其受热均匀，待完全变色后捞出备用。

4 把锅里的油倒出，简单擦一下锅。倒入1大勺油加热，加入菠菜翻炒，加盐，再加半杯水（分量外），煮沸后将菠菜捞到笊篱中。

5 把锅擦一下，用大火加热，倒入1大勺油。加入切末的葱、姜、蒜炒香，然后加入豆瓣酱，倒入备好的A调料，煮1—2分钟。把炸好的虾倒进锅内混合，加入用淀粉两倍量的水调制而成的水淀粉勾芡。

6 把虾和菠菜装盘。

＊ 在虾背后划一刀以后再炸，虾的身体打开会使虾看起来更大。

【一九九二年（平成四年）一月九日刊载】

No.90

用酱汁浸泡后肉更柔软

姜烧猪肉

材 料（4人份）

猪肉（里脊肉薄片）…400g

A　酱油…3大勺　酒…2大勺

　　姜汁…2大勺

　　（30g生姜磨成泥挤出的汁）

芥菜苗…半袋　　圣女果…8个

卷心菜…200g（3—4片）

油…用量见做法

做 法

1 猪肉切成长约10cm的肉片，在烤肉前10分钟用A所示调料腌制。

2 平底锅烧热后倒入1大勺油，让油流过整个锅底后，放入一半猪肉，用大火把猪肉两面煎熟。取出煎熟的猪肉后，轻轻地把平底锅擦拭干净，然后重新放油把剩下的肉煎熟。

3 卷心菜切成细丝后过冷水，然后沥干水分。和圣女果、芥菜苗一起装盘。

＊ 生姜近皮处味道最浓郁。因此，制作姜汁时，要带皮磨成泥后挤汁。生姜自古以来就是日本人饮食中不可缺少的调味料，被广泛用于去除肉、鱼腥味，以及提味、佐餐。

〔一九二三年（大正十一年）八月一日刊载〕

自江户时代
就是最具代表性的炖菜

(No.91)

炖南瓜

材料（2 人份）

南瓜…300g（1/4 个）

小杂鱼干…10g

白糖…1 小勺

酱油…1 小勺

做法

1 把南瓜仔细清洗干净，切成适口大小的块状，去籽后放入锅中，加水（分量外）没过南瓜，加入小杂鱼干炖煮。

2 南瓜变软后，加入白糖和酱油调味，然后关火盛出。

---

* 据说南瓜于 16 世纪从九州传入日本，到江户时代普及全国各地，常被用作炖菜的食材。原食谱中未标注用量，故按照试做时用量加以标注。

〔一九六九年（昭和四十四年）二月一日刊载〕

汤汁渗入、味道柔和

(No.92)

炖萝卜干

材料（4 人份）

白萝卜干…80g

油炸豆腐…2 张

胡萝卜…1 根

油…2 大勺

调味汁…2 杯

白糖…4 大勺

盐…1 小勺半

酱油…2 大勺

七味辣椒粉…少许

做法

1 白萝卜干去除脏污，用水泡发 10 分钟左右，沥干水分备用。

2 胡萝卜削皮后，切成 5mm 厚的圆片，油炸豆腐放进热水中焯一下去油，然后切成边长 3cm 的方块。

3 锅内放油烧热后，把胡萝卜、白萝卜干放进锅内翻炒，待油充分渗入到菜中，把油炸豆腐放在上面，加入调味汁，煮沸后加入白糖和盐，再炖 10 分钟左右。最后加入酱油，待收汁后盛出，撒上七味辣椒粉。

---

* 白萝卜干是把白萝卜切成细丝晾晒而成的。白萝卜晒干后甜度增加，营养价值更高。

No.93

使用肥美的秋季青花鱼

味噌煮青花鱼

〔一九六九年（昭和四十四年）十一月十一日刊载〕

材料（4人份）

青花鱼…1小条

味噌…100g

生姜…20g

A　酒…2大勺

　　酱油…1大勺

　　白糖…2大勺

　　水…1杯

做法

1 青花鱼剖成3片。一片鱼身切成两半。如果鱼较大，可以切成三半，并在鱼皮上割出刀痕。

2 生姜切成细丝泡入水中。切掉的生姜碎末留下，稍后放入炖汁中使用。

3 把A所示调料和生姜碎末放入锅中，煮沸后把青花鱼放入锅内炖煮。在鱼基本炖熟时，加入味噌用汤汁化开，继续煮5—6分钟。

4 把青花鱼盛到盘中，浇上炖汁，在上面放上姜丝。

★ 先放酒、酱油和白糖组成的清淡调料，炖煮一段时间后再加入味噌，既可以使味噌不致烧煳，又能保证鱼熟透，不会留有腥味。

No.94

在落语《目黑的秋刀鱼》中也曾登场

盐烧秋刀鱼

〔二〇〇七年（平成十九年）八月二十四日刊载〕

材料（2人份）

秋刀鱼…2条

白萝卜泥…适量

酸橘…1个

盐…用量见做法

做法

1 去掉秋刀鱼腹部一侧的鳞片。内脏无须取出，直接用水清洗，然后用厨房纸巾擦去水分。

2 从中间把鱼切成两段。

3 为更易烤熟，在靠头一侧鱼肉较厚的部分划上几刀。

4 把烤鱼用的烤架预热3—4分钟。其间，给秋刀鱼两面都撒上盐，盐的用量大致按一条较大的秋刀鱼使用半小勺，如果鱼较小则适当减量。

5 把秋刀鱼摆放在烤架上，用大火烤至半熟，鱼皮表面焦黄后调成中火。翻面后再用中火烤5分钟。（如果使用的是上下都能烤制的烤架，则无须翻面，烤7—8分钟。）

6 把烤好的秋刀鱼盛到盘中，佐以白萝卜泥和切成一半的酸橘食用。

No.95

寒冷季节能够温暖身体

【一九七〇年（昭和四十五年）十二月二日刊载】

鲑鱼糟汁

材料（4人份）

盐渍鲑鱼（鱼块）…3 片

白萝卜…半根

胡萝卜…中等大小 2 根

酒糟…150—200g

油炸豆腐…2 张　调味汁…8 杯

味酥…5 大勺　　酒…5 大勺

酱油…2—3 大勺

做法

1 把白萝卜、胡萝卜切成较厚的长条。油炸豆腐先竖着切成两半后，同样切成长条状焯水。鲑鱼切成适合入口大小。

2 把调味汁加热后，加入白萝卜、胡萝卜炖煮，待煮透后加入鲑鱼和油炸豆腐继续炖煮，撇去浮沫，加入味酥和酒。用汤汁把酒糟化开倒入锅中，然后加入酱油炖煮。

3 把用丰盛的食材制作的汤盛到碗中食用。

★ 按个人喜好，味酥也可仅使用 2—3 大勺。

No.96

其词源是『炖田乐』

【一九七四年（昭和四十九年）二月十六日刊载】

关东煮

材料（4人份）

煮鸡蛋…4 个

炸豆腐泡…小号 4 个

墨鱼卷…4 根　　炸鱼肉饼…4 片

白萝卜…300g（1/3 根）

土豆…2 个　　　魔芋…1 块

烤豆腐…1 块　　海带结…8 个

A　调味汁…8 杯　酱油…2 大勺

　　味酥…2 大勺　白糖…1 大勺

　　盐…2 小勺

芥末…适量

做法

1 炸豆腐泡、墨鱼卷、炸鱼肉饼等油炸食品需要焯一下水去油。白萝卜切成厚片，如果萝卜太粗，可以剖成 4—6 块后再切。土豆切成两半，去皮刮圆，下水煮一下，注意不要煮烂。魔芋切成 4 块后，再切成三角形或切成两半，然后焯水。烤豆腐切成4块。

2 把 A 所示调料煮沸，留作炖汁备用。

3 把 1 准备的食材以及煮鸡蛋、海带结放到锅里，倒入炖汁没过食材。开火煮沸后转为小火慢慢炖煮，不断添加剩下的炖汁，大约炖 2 小时。炖好后盛在深口容器中，浇上炖汁，最后点上化开的芥末食用。

★ 据说，关东煮起源于用竹扦串起豆腐，涂抹味噌烤熟的"田乐"。魔芋也是田乐常用的食材。后来，人们开始食用煮魔芋，于是其他食材也开始一起炖煮了。

〔一九七二年（昭和四十六年）九月二十四日刊载〕

斋菜中必不可少

No.97

三色白拌菜

材 料（4人份）

魔芋…1块

胡萝卜…4cm

四季豆…50g（5根）

豆腐…1块

熟芝麻…3大勺

白糖…2大勺

味噌…2大勺

盐…少许

做 法

1 魔芋切成长条，焯水后干煎。

2 胡萝卜切成长条，加盐煮熟。

3 四季豆切成2段，加盐煮熟。

4 用蒜臼把熟芝麻捣碎，放入沥干水分后的豆腐，加白糖、味噌拌匀后，再加入第1、2、3中准备的食材。

★ 白拌菜就是用豆腐和白芝麻拌蔬菜。最近市面上有售非常时尚的蒜臼，可以作为餐具拿到餐桌上使用，很受年轻人欢迎。

〔一九七六年（昭和五十一年）九月四日刊载〕

最具代表性的凉拌菜

No.98

芝麻拌菠菜

材 料（4人份）

菠菜…2把

A　研碎的芝麻…3大勺

　　白糖…3大勺

　　酱油…2大勺

　　水…2大勺

熟白芝麻…少许

盐…1撮

酱油…1小勺

做 法

1 菠菜切掉根部，用流水清洗去污。

2 锅内放入足量水煮沸，加盐，确保菠菜煮熟后依然色彩鲜艳。菠菜煮好后立即取出过凉水。沥干水分后，切成长3—4cm的段。加入酱油后再一次控去多余水分。

3 在蒜臼中加入A所示调料，充分搅拌。

4 在端上餐桌之前，用3备好的调料搅拌2备好的菠菜。然后盛在盘中，最后撒上熟白芝麻。

★ 煮菠菜时，注意先把茎部放进热水中烫，等一会儿再放进叶子部分。这样，菠菜硬的部分和软的部分可以煮得更均匀。煮好后过凉水，沥干水分后，在搅拌前加少量酱油再次去除多余水分，食用时可以最大限度保留调料的味道。

【一九九三年（平成五年）十一月二十日刊载】

以『牛锅』为名风靡一时

从文明开化时起

No.99

寿喜烧

材 料（4人份）

牛肉（里脊肉薄片）…500g

肥肉…少许　烤豆腐…1块

大葱…4根　茼蒿…1把

香菇…8朵　魔芋丝…1袋

鸡蛋…4个

乌冬面（煮熟的）…4团

A（佐料汁）

　　海带调料汁…半杯

　　酱油…半杯

　　味醂…1/3杯

　　白糖…3大勺

做法

1 为便于食用，牛肉切成边长10cm左右的肉片。烤豆腐先竖着切成两半，然后再切成边长1cm的块状。大葱斜切成1cm宽的葱段。茼蒿去掉较硬的茎干。香菇去蒂。魔芋丝焯水后切上两三刀备用。

2 把A所示调料混合，煮沸后制成佐料汁。把牛肉火锅专用的锅烧热，加入肥肉熔化后，加少量佐料汁煮沸。然后放入牛肉，煮一会儿后加入其他食材边煮边吃。蘸新鲜的鸡蛋液食用。佐料汁以及食材看情况适当添加。

3 用煮完的汤汁下乌冬面食用。

---

* 本食谱采用了关东式的制作方法。原食谱介绍的是关西式做法，即把肉煎熟后，直接撒入白糖，然后加酱油和酒煮沸，再加入其他食材。

【一九九五年（平成七年）三月十二日刊载】

近年来在国外也颇受欢迎

No.100

粗寿司卷

材料（4 人份）

大米…3 杯

煮调味汁用的海带…边长5cm 的四方块

A（寿司醋）

米醋…4 大勺

白糖…2 大勺

盐…1 小勺半

葫芦干…20g 干香菇…8 朵

鸡蛋…4 个 鸭儿芹…50g

海苔…4 张 肉松…4 大勺

调味汁、白糖、酱油、盐…用量见做法

做 法

1 大米淘洗干净后用笊篱捞出，放入加海带和 3杯半水（分量外）的盆中浸泡 30 分钟后按一般方法蒸熟。

2 把 A 所示调料混合，加热到白糖和盐完全溶解，制成寿司醋。米饭蒸好后，闷 5 分钟。取出海带，盛到寿司桶内，洒上寿司醋，闷 1 分钟，然后使用木铲将其切散、拌匀后放凉。

3 葫芦干加少许盐揉搓洗净，干香菇泡发后去蒂。用 2 杯半调味汁煮葫芦干和香菇大约 20 分钟，然后加入 3 大勺白糖和 2 大勺酱油继续煮，把香菇炖透，直到汤汁几乎熬干。然后把香菇切成 1cm 宽。

4 鸡蛋磕开，加 4 大勺调味汁和 1 大勺白糖、1/5小勺盐、少许酱油调味后做成煎蛋，然后切成 1.5cm宽的长条。

5 鸭儿芹焯水。

6 将寿司帘展开，把海苔不光滑的一面朝上铺开，放上寿司饭 1/4 的量（300g）轻压铺平。（顶头留出 3cm 的空间。）

7 在寿司饭中央摆放备好的食材，从手边开始卷起，直到手边的寿司饭和对面的寿司饭合到一起。轻压整形。用湿揩布把刀打湿，将卷好的一条寿司切成八块。

终章

回顾家常菜的百年历史

　　在这一百年间，日本家庭的餐桌发生了巨大变化。本章通过百年间《读卖新闻》家庭版刊载的食谱，以及料理研究家们活跃的历史，回顾了这个变化的过程。

料理研究家对餐桌的贡献

....

本文探访了那些通过报纸、电视等媒体向主妇们传授食谱，切实提高了菜肴存在感的料理研究家们的足迹。

....

传授梦想中的西餐

"那味道好得令人吃惊，奶酪味道醇厚。那是五十多年前的事了。那时候西餐还是一种代表富裕生活的梦想。"东京江上烹饪学院第二代院长江上荣子（生于1935年）这样回忆道。

那道美味的菜肴便是烹饪学院创始人江上富（1899—1980）制作的奶汁干酪焗菜。白色鱼肉和蘑菇分别用白葡萄酒蒸煮过，酱汁使用白汤、牛奶、黄油和生奶油制作。这是相当费工耗时的一道菜。

江上富是女性料理研究家中的先驱者之一。二战后，她积极推动西餐向普通家庭的普及，创新了使用平价食材制作正宗西餐的做法。例如，奶汁干酪焗菜可以用面包粉和沙拉油代替奶酪。另外，还可以充分利用家里用剩的蔬菜和火腿等。

昭和初期，江上富和时任陆军技术常驻官员的丈夫在巴黎居住了大约两年时间。为了"让母亲和丈夫吃得顺心"，她特地到学校学习了法餐制作。据说，当时她被炖菜以及各种各样酱汁的美味征服了。回国后，她开始在福冈教授西餐做法，其任职的烹饪教室一时盛况空前。二战结束后，1955年，她在东京开办了江上烹饪学院。

江上富还曾出演1957年开始播出的NHK《今日料理》节目。荣子说："她优雅、严谨和幽默的表达方式征服了观众，被观众称为'江上腔'。"江上富在1957年的《读卖新闻》家庭版也曾说过："让男人觉得自己家的饭菜最好吃，没有什么比这更能

拴住他的心了。"

"家庭健康从厨房开始。家庭和睦从餐桌开始。"江上富以家庭圆满为宗旨，通过饮食让主妇们实际体验到了和睦。

◇

二战后，在传播梦想中的西餐方面，与江上富并称为双璧的是饭田深雪（1903—2007）。饭田的长子雄一（生于1930年）回忆道："战前，我母亲日常就会穿洋装，是一位非常时髦的女性。来烹饪教室的那些年轻女孩子，都以一种崇拜的目光看我母亲。"

饭田深雪和外交官结婚后，从昭和初期开始，先后在美国芝加哥以及当时英国统治下的印度、伦敦等地生活，参加各类豪华派对，自学烹饪成才。二战结束后，她从1948年开始在东京的自家住宅教授西餐。

饭田熟知招待餐饮的做法，能把餐桌装饰得非常华丽。例如，用人偶和巴伐利亚奶油糕点装饰出穿礼服的女性形象、用面包做房子、用汤做出池塘等。

她的烹饪课不仅教授烹饪，同时还传授摆桌、西餐礼仪等综合性内容。为日本人的餐桌开启了新纪元。那是一个经济高速增长，与国外的联系日趋紧密的时代。雄一回忆道："（母亲教授的内容）尤其受到那些即将到海外就职家庭的主妇欢迎，不久后，普通人也开始对西餐感兴趣了。"

把和食带入家庭

同样是二战后，赤堀全子（1907—1988）作为和食专家成了家喻户晓的人物。她是开办于明治时期的烹饪学校"赤堀烹饪教室"（现在的东京赤堀烹饪学园）的第四代经营者，也是学校第一位女校长。从小接受精英教育长大。

赤堀穿着据说是第一代创始人设计的围裙的形象深入人心。她态度和蔼，"咕嘟咕嘟煮""待热腾腾的蒸汽升起"等对于烹饪的表达非常巧妙。赤堀全子之孙、料理研究家赤堀博美（生于1965年）说："她给人留下一种母亲一般的温柔印象。"

由于连年战争，家庭主妇没有充分学习家常菜做法的机会。赤堀全子教导人们：为充分发挥时令食材本身的味道，要选择清淡口味……为让各家庭重新认识到传统和食的魅力，她付出了很大努力。电视节目也介绍过她制作调味汁以及蒸饭的方法等。

博美说："与工匠化的男性料理人相比，能够把家常菜以令人容易接受的方式进行传授的女性符合当时时代的需求。"

江上富、饭田深雪和赤堀全子这三位女性都曾经撰写《读卖新闻》二战后的首个烹饪栏目《今日料理》（きょうのお料理）。由此，美食也不再围于烹饪教室，而借由媒体开始广为传播。

烹饪学校从明治时期开始

赤堀烹饪教室可以说是日本烹饪学校的分水岭。该学校创办于 1882 年（明治 15 年）。初期的学生多为好人家子女。到大正时期以后，中产阶级学生逐渐增多。东京瓦斯烹饪教室开办于 1913 年（大正 2 年），至今已有一百多年的历史。

二战后，正值经济高速增长期的 50 年代到 60 年代，日本迎来了烹饪教室热潮。当时饮食西餐化盛行，备嫁女性和家庭主妇蜂拥而至，想要学习西餐做法。像江上烹饪学院这样，不少烹饪学校都创立于这个时期并一直开办到现在。

1987 年创办的 ABC 烹饪工作室开设于商业设施之内，能从玻璃窗外面看到烹饪场景，这种类型的烹饪教室受到人们的欢迎。烹饪教室也开始呈现多样化趋势。

◇

"美味佳肴需要爱的浇灌。"

在创办于 1955 年（昭和 30 年）的东京"鱼菜学园·自由之丘烹饪学校"内，张贴着学校创始人田村鱼菜（1914—1991）的格言。

田村鱼菜的妻子、学园理事长田村千鹤子（生于 1932 年）说："丈夫常说，一定要照顾到享用食物一方的想法。"

"料理中蕴含着爱"，这句如今还不时能够听

江上富
（1955 年前后，江上烹饪学院提供）

饭田深雪
（1960 年前后，深雪制作室提供）

赤堀全子
（1962 年，赤堀烹饪学园提供）

田村鱼菜
（1968 年前后，鱼菜学园提供）

东畑朝子和她的著作（于东京都内家中）

城户崎爱
（1985 年前后，本人提供）

到的话语也是在二战后得到普及的。人们开始意识到饭菜不仅能果腹，还蕴含着更加丰富的内涵。

鱼菜出生在伊豆半岛的渔村。后来到东京学习厨艺。战争结束后，他认为"以后将是大众的时代"，走上了料理研究家之路。1949 年，他开设了一家烹

任学堂，那是学园的前身，主要教授深受孩子们喜爱的汉堡肉以及在家庭庆祝场合食用的粽子等的做法。

鱼菜的名字也借电视为全国观众所知。他曾出演NET（现在的朝日电视台）《下午秀》的烹饪栏目。他用直率、有个性又幽默的语言，介绍不同风格的家常菜。他的节目像表演一样具有欣赏价值，成为烹饪节目的分水岭，他用过的食材会立即成为畅销商品。鱼菜也曾负责《读卖新闻》家庭版的烹饪专栏《周末厨房》以及《今日料理》。

千鹤子说："如果对菜肴有爱，家里的餐厅就能充满笑声。我希望今后也能把这种想法传承下去。"

符合社会需求的餐饮

经历过经济高速增长期，当今社会已经迈入饱食时代。肥胖和生活习惯病成了普遍问题。在这样的背景下，东畑朝子（生于1931年）通过书籍和杂志建议人们要健康饮食。

东畑拥有"饮食医生"这一独特头衔。她说："我是医学博士，但我觉得'饮食医生'这个我自己取的头衔更适合我。"

东畑获得营养师资格后，为国立中野疗养所以及北里研究所附属医院制作病号餐菜谱，从事烹饪工作。例如，对于因糖尿病发胖的病患，她建议"早上吃咸干鱼南蛮腌菜、芥末拌油菜……"等。她会根据不同疾病专门制定菜单，对食材中含有的营养成分和烹饪中的注意事项进行解说，以专业立场从事写作。

她说："不仅是病人，现在终于有越来越多的人开始意识到饮食对于健康的重要性。传统的家常菜对保持健康有益。"据说现今东畑已经搁笔。

◇

在20世纪七八十年代，随着越来越多的女性参加工作，能在短时间内做好的菜肴成为新的社会需求。城户崎爱（生于1925年）就介绍了很多这类食谱。其代表性著作《适合忙碌人士的美味家常菜》（海龙社出版社，1987年）中介绍了生蔬菜蘸沙司的"味噌乃兹"、蛤仔和香味蔬菜一蒸即成的"蛤仔桑巴"等连名称都颇具趣味性的菜品。她说："那是一个人人忙碌的时代。家常菜正是有益身体、不费时间，也是最合理的选择。"

刚从巴黎学成归国时，她认为自己背负着介绍西餐的使命，但后来她逐步跨越了和食和西餐的界限，开始认真思考"对每天都要做饭的女性有益的饮食"。她说："在外面吃饭的时候碰到好吃的，就会把它调整成适合在家中制作的版本。这样的菜肴现在已经有1000种左右。"

城户被人昵称为"有爱的阿姨"。她说："即便是简单易做的菜，也要注意一定要做得好吃。因为人们如果吃不到令人产生食欲的美味饭菜，就无法得到心灵的满足。"

身边的料理研究家受欢迎

他们与其说是烹饪专家，倒不如说是作为一名家庭成员，自由发挥想象来制定食谱。20世纪八九十年代，这种"身边"的料理研究家博得了很高的人气。

不使用砧板完全用手掐断蔬菜制作意大利面、把馄饨皮和馅分开煮成的汤……2014年1月以76岁之龄去世的小林胜代曾为世人提供了很多制作美味佳肴的简易方法。

本田明子曾长期作为小林的下属工作，她说："小林认为，制作美味佳肴的方法不止一种。"2002年1月刊载的《读卖新闻》家庭版也介绍了如何使用醋拌生鱼丝和金团等吃剩的年菜食材改做西餐的方法。

小林曾是家庭主妇，从20世纪70年代开始从事美食方面的随笔写作并出演电视节目，受到读者和观众的瞩目。她不但有能言善辩、擅长即兴应对的一面，在出演电视节目时，也有弄错做菜顺序等粗心大意的一面。对此，本田说："正是因为小林的这些特点，反倒会让普通人觉得自己也能做成那些菜。"小林育有两名子女，每天生活非常忙碌。她创作的菜肴也是对忙碌女性的一种声援。

1994年，小林出演了富士电视台制作的人气电视节目《料理铁人》，在和专业厨师的比赛中，她以使用土豆制作的菜肴获得了胜利。小林常说："家常菜是最好吃的。"

◇

栗原晴美（生于 1947 年）拥有众多粉丝，一度成为社会现象。在女性积极迈入社会的 90 年代，她以一种非常自然的姿态表示"我喜欢做职业主妇"，在专职主妇群体中获得了广泛共鸣。

她选择的菜肴始终面向主妇。不仅介绍使用手边现有的食材制作的菜，还会介绍既不费事又好吃的制作秘诀等。其中，还穿插着令人跃跃欲试的背后故事。例如，因为儿子喜欢市售的纳豆调味汁，于是自己便想制作试试，经反复试错，用酱油和熬制的味醂浸泡海带做出了"万能酱油"。

栗原 1992 年出版的《想听你说吃好了》（文化出版局）获得了 128 万册销量的佳绩，作为烹饪书籍成为令人惊异的畅销书。这本书介绍的是如何在自家的厨房，使用自己的做菜器具，制作一般家庭常做的饭菜。"她搭配的那些盘子和小器皿等都让人感觉非常新鲜。"

主妇们的憧憬开始扩展到时尚的餐桌周边以及生活方式本身。在那些出售栗原建议的烹饪器具的商铺门前，求购的主妇排起了长队。如她所言："要享受主妇生活，需要些提升情绪的小秘诀。"

男性料理研究家开始出现

进入 21 世纪后，男性料理家开始增多。

高贤哲（生于 1974 年）先是在他的母亲、一位韩国出身的料理研究家手下担任助理，后来独立工作。他从 2005 年开始，在烹饪杂志上以连载的形式介绍分量充足的肉菜。

当时适值韩流盛行，高贤哲介绍的是简单易做的经过改良的韩国菜。他推动了韩餐在日本家庭中的普及。他强调要"通过饮食跨越国境"，并面向家有幼子的父亲推出烹饪书籍，作为"奶爸"料理研究家活跃于日本美食界。

如今，还有些料理研究家通过博客介绍美食菜

小林胜代
（2001 年 1 月，于东京都杉井区）

"得不到赞扬又怎样？开心就好。"
栗原晴美致力于向人们传达做菜的乐趣。

高贤哲以男性参与家务、育儿以及饮食教育为题，每年开办约 50 次讲演。

谱。食谱投稿网站风靡一时，人们已经迈入向素昧平生的人学习烹饪的时代。在未来的时代，又将会涌现怎样的料理研究家呢？

没有比现在更能制作出美味家常菜的时代了

《百年食谱》评审委员座谈

∙∙∙∙∙∙∙∙∙∙∙∙∙∙∙∙∙∙∙∙∙∙∙∙∙∙∙∙∙∙∙∙

《百年食谱》的四位评审委员回顾了《读卖新闻》一年内的连载，热议家常菜的变迁以及今后的发展。

∙∙∙∙∙∙∙∙∙∙∙∙∙∙∙∙∙∙∙∙∙∙∙∙∙∙∙∙∙∙∙∙

想要传达时代的趣味

宫智 首先想请大家谈一下选择 100 个食谱的感想。

江原 我觉得报纸上刊载的那些食谱比当时人家广泛制作的菜肴要新一些，这可能是由报纸的性质决定的。虽然菜名都是基础款，但内容经过了调整，或者食材有所不同。选择过程很有意思，但想要选择的食谱太多了，有时

《百年食谱》评审委员（按 50 音排序）

江原绚子
（东京家政学院大学名誉教授）
1943 年生于岛根县。专门研究饮食文化和饮食教育史。任和食文化国民会议副会长。

野崎洋光
（日本料理店"分德山"总厨师长）
1953 年生于福岛县。通过烹饪课堂、电视节目和著作等，传授普通人简单易学的菜肴。

畑中三应子
（烹饪书编辑、饮食文化研究家）
1958 年生于东京。系列烹饪期刊《生活设计》前总编。其参与编辑的烹饪书超过 200 册。

宫智泉
（《读卖新闻》东京总社生活部长）

难以抉择。

野崎 我惊讶于"在这个时代竟然有这么多的西式菜肴"，是报纸把这些如实呈现了我们眼前。我在选择的时候也希望能够把时代的趣味传达出去。另外，像"立田炸鲸鱼块"（No.36）这样本来只在秋季使用的菜肴名称，后来变得可以在一年内任何时间使用，也令人切实感受到语言习惯的变化。

畑中 老食谱使用的食材和现在有很大不同。想象菜肴完成后的味道也是一件很开心的事。同时，还能知道那些代表性食谱是从什么时候开始固定下来的，了解调味方式的变迁。

宫智 明治以后，受西方文化影响，家常菜发生了很大变化啊！

江原 把正月的"年菜"（No.71）装在重箱里的做法也是从明治以后普及开来的。里面装的内容根据不同年份有所不同，并不是一成不变的。沙丁鱼干和鱼子并不仅限于正月，而是代表性的下酒菜。令人感到意外的是，一些我们想当然的事情可能并非如此。另一方面，1939 年（昭和 14 年）的烹饪杂志《料理之友》已经在介绍中餐、西餐、和食三种类型的食物，和现在一样。1930 年（昭和 5 年），登载了如何用餐厅一半的成本在家试做咖喱的特辑。那也成了以往只能在百货店内品尝的咖喱走入家庭的契机。

畑中 《百年食谱》让我了解到，其实在二战前就有远超现在的我们能够想象到的更加丰富多彩的家常菜。然而，由于战争，这种丰盛的家常菜传承一度中断。战后的经济高速增长期内，职业主妇增加，她们努力想要制作出更好吃、更富营养的饭菜。同时，随着家电的普及，菜肴种类也日益丰富起来。经济不景气的 20 世纪 90 年代，懒人菜以及创意菜成为主流。

宫智 野崎先生您本人作为厨师，对家常菜是怎么看的？

野崎 在饭馆里，烹饪及吃法都是有固定要求的。而在家庭中，既有咖喱饭也有鸡肉鸡蛋盖饭，在米饭上盖什么菜吃都是可以自由选择的。这就像是日本舞蹈和盂兰盆舞的区别。在二战前，家庭里并没有专门制作调味汁的习惯，酱汤中配料很多，感觉香味不够时就加些油炸豆腐或裙带菜，那是家庭的智慧。"披衣芋头"（No.77）等只是简单一蒸就很好吃。

回忆中的菜肴……

宫智　大家对哪道菜印象最深?

江原　"蒸糕"（No.46）。在我5岁时，因为生病有段时间只能喝米汤和粥。有一天，家人用盘子拿给我一块蒸糕，当时就感觉好像所有的光都集中在蒸糕上。哇！我终于可以吃这个了，觉得特别高兴。

野崎　"通心粉沙拉"（No.2）和"土豆沙拉"（No.83）。特别有西餐的感觉。我觉得沙拉酱创造了新的文化。

畑中　我对圣诞节吃的"烧鸡"（No.80）印象最深。最让我兴奋的是，我父亲是外科医生，他会手把手地告诉我从哪里切会让骨肉分离得更干净，并且亲自把整鸡分好。每当我看到烧鸡时就会想起父亲。

从《百年食谱》看到的

宫智　通过《百年食谱》，大家可以解读到什么?或者说能够学到些什么?

畑中　通过追溯家常菜的百年历史，可以了解到日本社会的变化，这一点意义深远。尤其是在近代以后，家常菜的发展与饮食之外的许多领域密切相关。因此，我们在考察家常菜时，也可以把企业行为、国家政策、营养学和医学的发展、流行风俗等那个时代的事件和社会情况当作背景来考察，这很有意思。

江原　很多江户时代就有的菜肴都被很好地继承下来了。比如"章鱼樱花煮"（No.54）和"干烧羊栖菜"（No.39）等。此外，还有明治以后的"炸猪排"（No.1）、"牛肉饭"（No.32）等，可以从中看到人们为了让菜肴更加适合与米饭搭配食用，如何努力进行改进的过程。

野崎　日本料理顺应基于阴阳五行学说的旧历季节。例如，"树芽"一词只在春节使用，立夏以后就使用"叶山椒"了。和俳句一样，日本料理中也有根据季节定下的规则。例如，"鰆（鲛鱼）"是春季使用的鱼，秋季也很美味，但秋季使用时就要翻里作面。此外，料理中也包含引人联想的语言文化。阅读《百年食谱》时，不妨考虑下这方面的内容。

今后的家庭餐桌

宫智　大家觉得家常菜及餐桌今后会怎样发展?

畑中　在家庭当中存在两极分化的情况，一种人非常注重食品安全、希望食用有益身体的饭菜；另一种人不太在意高热量食品。家常菜是通过主妇们的不懈努力而形成的丰富多彩的饮食文化。但目前，由于更多女性步入社会，家庭形态发生了很大变化，现在的问题是"饭应该由谁来做"。没有男女的共同参加，家常菜也将无以为继。我们也并非主张"男性掌勺"，而是说男性应该也把做饭这件事当成一件非常普通的家务来做。

江原　和食已经被联合国教科文组织列为世界非物质文化遗产，但实际上我们并不真正了解和食之妙。看一下江户时代的烹饪书籍就知道，上面叙述的都非常粗略，而且做起来也并不费事，很多菜却非常好吃。可能只是煮一下或者烤一下，就是家常菜。所以大可以放轻松些。同时，除男性以外，也可以让孩子们参加到家常菜制作中来。比如说让他们体会到新笋的香味，或者体验一些简单的劳动等。我觉得这也会让家常菜变得更加丰富起来。

野崎　随着冰箱的普及和物流日益发达，超市出售的食材都变得非常新鲜。即使做炖鱼也完全无须用生姜去腥调味。而且每个家庭中的烹饪器具也都非常齐全。历史上任何一个时代都比不上现在更适合制作美味的家常菜了，或许还有不少人没有意识到这一点。当然，与此同时，还是希望大家偶尔能够光临我们这些餐饮店（笑）。自己做饭也是保持身体健康的最佳方式。

宫智　家常菜可以说与人们的回忆相关联。这些也能成为和家人以及身边人聊天时的谈资，让吃饭这件事变得更开心。希望《百年食谱》能够成为大家回忆过去、丰富生活的契机。

（2015年2月7日于东京银座"东京燃气 Studio+G GINZA"）

		世态、家庭版的变迁	有关饮食的动向
大正	1914（大正3年）	《读卖妇女副刊》（现在的家庭版）创刊 第一次世界大战（至1918年）	①上市之初的可尔必思
	1917（6）		《可乐饼之歌》流行
	1918（7）		森永制果发售从原料到产品完全国产化的牛奶巧克力
	1919（8）		乳酸菌饮料"可尔必思"上市①
	1923（12）	关东大地震	日贺志屋（现在的S&B食品）创立，开始生产咖喱粉
	1925（14）	广播电台开播	食品工业（现在的丘比）开始生产并销售沙拉酱②
昭和	1930（昭和5年）		日本桥三越食堂出现"儿童西餐"③ ②初期的丘比沙拉酱　③ 1930年的三越"儿童西餐"（复原）
	1931（6）		铃木商店（现在的味之素）开始出售装在玻璃制餐桌用容器中的"味精"
	1937（12）	日本侵华战争开始	
	1941（16）	太平洋战争爆发	作为主食的大米实施"配给制"
	1942（17）		这时流行的口号是"到胜利之前控制欲望"
	1944（19）	《妇女文化》版停刊	
	1945（20）	日本战败	
	1947（22）	《家庭与妇女》栏目创设	④ 1955年左右，东京都内百货店楼顶的啤酒馆
	1949（24）		大都市圈内啤酒馆恢复活力④
	1950（25）	朝鲜战争（抗美援朝战争）爆发	
	1951（26）	《妇女》版开始每日刊载	西南开发发售最早的鱼肉肠
	1952（27）		人造黄油的名称变更为植物黄油（margarine）
	1953（28）	NHK电视节目正式开播	评论家大宅壮一将该年命名为"电化元年"
	1956（31）	经济白皮书《不再是战后》	"三大件"（电冰箱、洗衣机、黑白电视机）普及
	1957（32）		NHK《今日料理》节目开播
	1958（33）		"鸡肉拉面"（日清食品）上市⑤ 帝国饭店的"帝国自助餐"开始营业 ⑤
	1964（39）	东京奥运会	

114

		世态、家庭版的变迁	有关饮食的动向
昭和	1968（43）		"吉野家"连锁 1 号店在东京开店
	1969（44）		世界首创罐装咖啡"UCC 牛奶咖啡"上市
	1970（45）	日本世博会 （大阪世博会）	日本首家汉堡连锁品牌"DOM DOM"1 号店在东京开业 "SKYLARK"1 号店在东京开业
	1971（46）		"杯面"（日清食品）发售
	1973（48）	石油危机	
	1974（49）		便利店 1 号店"7-11"在东京开店⑥
	1983（58）		漫画《美味大挑战》开始连载⑦
	1984（59）		"饱食时代"成为流行语
	1985（60）		世界首创"罐装煎茶"（后来的"お～いお茶"，伊藤园） 上市
	1986（61）	男女雇佣机会均等法实施	特色料理、辛辣料理热潮 "B 级美食"流行
	1987（62）		"朝日超干啤"上市，大受欢迎 微波炉普及率超五成
平成	1989 （平成元年）	引进消费税 柏林墙倒塌	意大利菜开始流行
	1990（2）		提拉米苏、奶油乳皮等成为流行
	1993（5）		因冷夏迎来战后最严峻的大米不足，从泰国等地紧急进口
	1995（7）	阪神淡路大地震	
	1996（8）	"成人病"更名为"生活习惯病"	
	1998（10）		各地当地拉面成为流行
	2003（15）		美国出现"疯牛病"（BSE），日本停止从美国进口牛肉
	2008（20）	金融危机	因中国冷冻饺子混入农药而发生食物中毒事件
	2011（23）	东日本大地震	
	2013（25）		食材虚假标示成为社会问题 和食被联合国教科文组织列入世界非物质文化遗产⑧
	2014（26）	《读卖新闻》家庭版一百周年	

⑥

⑦
©雁屋哲・花咲アキラ/小学馆

⑧料理研究家后藤加寿子建议的和食一汤三菜

后记

《百年食谱》介绍的 No.10 "牛肉罐头饼"，估计将会成为我家的新招牌菜。把土豆煮熟后过筛（一般仅捣碎即可），和牛肉罐头混合，摊平成小圆饼，用黄油煎熟。牛肉和土豆的鲜味混合盐味，达到恰到好处的统一。这些在二战前的报纸上介绍的菜肴或许多少也可以推介给未来的餐桌。

"为纪念《读卖新闻》家庭版创刊一百周年，不妨从之前的餐饮报道中选择出想要传承给下一代的内容"。2013 年春，这个来自大森亚纪记者的创意在报社内成为热议话题。《百年食谱》这个简洁的名称，也吸引了所有听闻过的人。

为使该策划实现，我们从年初便正式开始了推进工作。以常年从事美食采访的小坂佳子为首，福士由佳子、小野仁、荒谷康平、大石由佳子、佐川悦子等各位记者加盟，组成了采访团队。

然而，整个过程却是困难重重。

首先需要制作刊载过的菜肴的一览表。明治时期以后的《读卖新闻》报道均已实现了电子数据化，可以使用检索功能。但仅常设栏目就有超过两万篇有关美食的报道，其他还有很多各种类型的文章，要掌握全貌是一件非常辛苦的事。

同时，实际烹饪工作也是一个反复试错的过程。

很多大正时期以及二战前的食谱中都没有明确标注用量。与现在人们做菜的概念不同，以前人们都是一次性做很多。针对这种情况，需要在查询文献的基础上，根据当时食材消费量来推测用量，因此常常需要反复重做。

另外，因现在的食材品种与过去不同，所以无法做到完全再现。而且以前人们做菜时使用大量酱油，其味道也未必适合现代人的口味。本书中有标注为试做用量的情况，请予以谅解。

评审委员会每次工作时气氛都非常融洽。评审委员们对于餐桌的变迁和食谱展开热烈讨论，有时也会谈到很多关于食物的回忆。这也让我真切地体会到菜肴以及记忆的力量。

　　希望各位读者朋友能从这本《百年食谱》中发现自己喜欢的菜肴并带入自家的餐桌，没有比这更令人高兴的了。当然，大家也可以尝试自由改编，因为那正是家常菜的丰富内涵之所在。

　　再次感谢参与该策划的各位评审委员、烹饪学校、企业和团体，感谢你们的热忱帮助。同时，也对给予我们出版机会的文艺春秋井上敬子女士表示诚挚的谢意。

《读卖新闻》东京总社生活部副部长　伊藤刚宽

118

119

编译后记

如果跟日本人去吃饭，他们总会随口而出地问："是吃和食、洋食，还是中华（料理）？"就像我们在去餐厅吃饭前会犹豫是吃川菜、上海菜或者别的菜系一样，在国土面积狭小、民族较单一的日本，和食、洋食和中华料理几乎就是餐饮领域的全部了。日本人传统饮食中的米饭、酱汤和烤鱼等无疑属于和食，面包、意面、比萨、西班牙海鲜饭等从西方传来的食物属于洋食，青椒肉丝、麻婆豆腐则属于中华料理。

西餐随着西方文化一起进入日本，是在明治时期日本打开国门以后。然而，由于食材不足，日本的厨师无法完美地呈现西餐，于是他们就利用本地食材原创了所谓"和洋折中"的"洋食"。炸猪排、咖喱、可乐饼、炸大虾等就是在这样的历史背景下诞生的。有资料说，在明治末期至大正初期的年代里，咖喱饭、可乐饼和炸猪排成了最流行的三大洋食。以此作为招牌菜的"洋食屋"也应运而生。现在东京还能找到几家这样有着近百年历史的洋食屋，他们的主打菜品依然与从前一样。近年复古风潮盛行，这些古老的洋食屋再次回到人们的视线中，店门口往往大排长龙，一餐难求。因为这些食屋大多是由第一代或第二代店主经营，他们年事已高，每天出售的餐食都有定量，卖完就关门。

这些日本人原创的和制西餐，是只属于日本的。

比如咖喱。在旧书店云集的神保町一带，有数十家咖喱店，每家都各有千秋。但是估计你去印度是找不到在这里吃过的咖喱的，印度咖喱中并没有洋葱、土豆和胡萝卜这样的组合。而在洋葱还不那么常见的年代，日本人甚至用过大葱来制作咖喱。如今，日本人已经视咖喱为"国民饭"了。从家庭的餐桌到小学生的"给食"（校餐），咖喱都是最受欢迎的食物。

在西餐中你也很少会见到日本洋食中那种裹了面包糠的炸大虾。日本人早就有制作海鲜天妇罗的文化，而炸大虾只不过是西餐中的炸鱼和海鲜天妇罗嫁

124

接的产物。算是触类旁通最成功的案例。

还有最著名的和制西餐——炸猪排。日本人在引进这个菜的过程中，结合了自身的餐饮搭配习惯，用卷心菜丝做配菜，炸好的肉排蘸着甜咸味的酱料，再配上浓郁的酱汤和饱满的米饭，就这样让一个普通的炸猪排升华了。这个被视为"庶民料理"的套餐成为很多日本人百吃不厌的首选。

可乐饼的诞生也是"时代造英雄"的产物。西餐中原有软嫩的炸奶油酱饼。但因为奶油不易入手，而土豆泥与奶油口感相似且价格低廉，炸土豆饼——可乐饼便应运而生。手头宽裕的人家在其中加入肉末后，又得到了高级可乐饼。可乐饼自 1923 年关东大地震后普及开来，风靡至今。

2013 年被联合国教科文组织列入世界非物质文化遗产名录的"和食"在一百年前不过也就是一饭一菜一汤的朴素饭菜而已。而如果没有日本厨师在有限条件下的大胆创新，也就不可能有后来发展起来的这些"洋食"。

食物依附于特定地域的风土，由生活在那里的民众在漫长的历史中不断发展、更新，它是有鲜活生命的。最早从东南亚传到日本的寿司和从葡萄牙传来的天妇罗，就是在经过了岁月的沉淀后才成了根深蒂固的"和食"。以至于当我们一想到日本料理的时候，最先浮现出来的一定是寿司和天妇罗，其实这两种最具代表性的日本食物也是舶来品，只是被日本人本土化了。后来发展起来的"洋食"，也无一不是符合了日本的地域风土才得以发展和流传。

2019 年，东京有 230 家餐饮店被选入《米其林指南》，这个数字超越了巴黎的 118 家，位居世界之首。位于浅草的只做饭团的"宿六"也榜上有名。一道菜、一顿饭，也许并不一定要多昂贵或多精致，只要它是合口的、营养丰富的，就有可能成为传世的美味。

英珂

YOMIURI SHIMBUN KATEI-MEN NO 100-NEN RECIPE

Compiled by The Yomiuri Shimbun Seikatsu-bu

Copyright © 2015 The Yomiuri Shimbun.

All rights reserved.

Original Japanese edition published by Bungeishunju Ltd., Japan in 2015.

Chinese (in simplified character only) translation rights in PRC reserved by C5Art (Beijing) Co., Ltd., under the license granted by The Yomiuri Shimbun., Japan arranged with Bungeishunju Ltd., Japan through TUTTLE-MORI AGENCY, Inc., Japan.

Simplified Chinese edition copyright: 2020 New Star Press Co., Ltd.

图书在版编目（CIP）数据

百年食谱 ／ 日本《读卖新闻》生活部编；周莉译 . —— 北京：新星出版社，2020.6

ISBN 978-7-5133-4035-9

Ⅰ . ①百… Ⅱ . ①日… ②周… Ⅲ . ①家常菜肴 - 菜谱 - 日本 Ⅳ . ① TS972.183.13

中国版本图书馆 CIP 数据核字（2020）第 067545 号

百年食谱

日本《读卖新闻》生活部 编；周莉 译；英珂 审译

策划统筹：西五读品
策划编辑：东　洋
责任编辑：李夷白
责任校对：刘　义
责任印制：李珊珊
装帧设计：冷暖儿unclezoo

出版发行：新星出版社
出　版　人：马汝军
社　　　址：北京市西城区车公庄大街丙3号楼　　　100044
网　　　址：www.newstarpress.com
电　　　话：010-88310888
传　　　真：010-65270449
法律顾问：北京市岳成律师事务所

读者服务：010-88310811　　service@newstarpress.com
邮购地址：北京市西城区车公庄大街丙 3 号楼　　　100044

印　　　刷：北京美图印务有限公司
开　　　本：787mm×1092mm　　1/16
印　　　张：8.5
字　　　数：80千字
版　　　次：2020年6月第一版　　　2020年6月第一次印刷
书　　　号：ISBN 978-7-5133-4035-9
定　　　价：100.00元